よくわかる

新 有機EL ディスプレイ

テレビを変える究極の高画質ディスプレイ

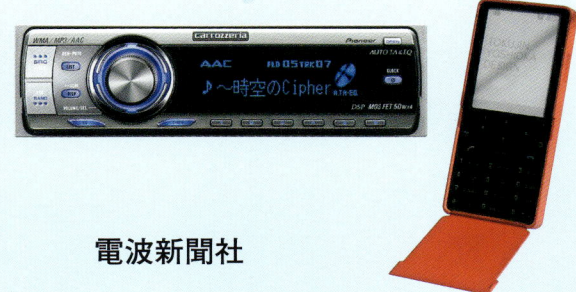

電波新聞社

2007年CESに展示したソニーの27型と11型の有機ELテレビ

有機ELがFPDを変える!

有機ELテレビがいよいよその姿を現した。魅力はその画質である。ソニーに続いて東芝も発売と発表した。

27型は参考出品だが、11型は2007年に発売

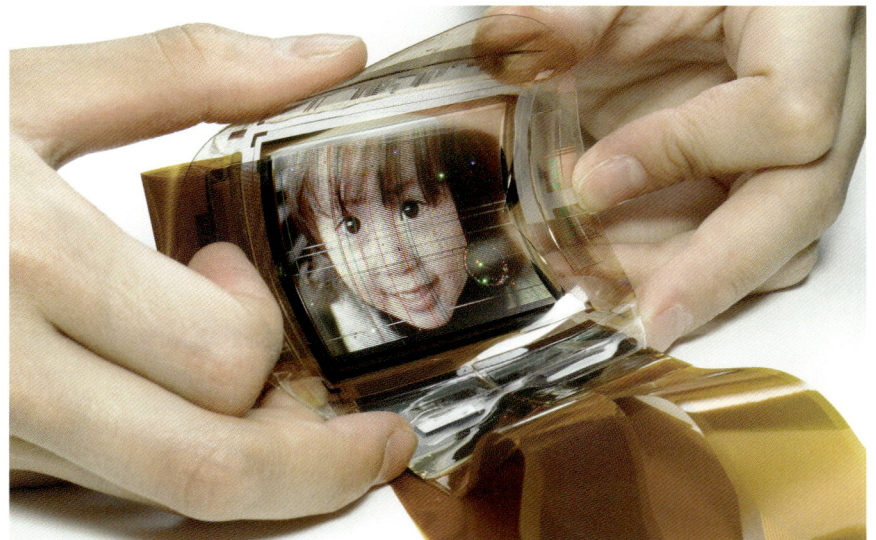

ソニーのフィルム有機 EL ディスプレイ。試作モデル

TMD の自発光型次世代
有機 EL ディスプレイ
試作機

CLIE に採用した有機 EL パネル / ソニー

21 型の有機 EL
ディスプレイを発表 / 東芝

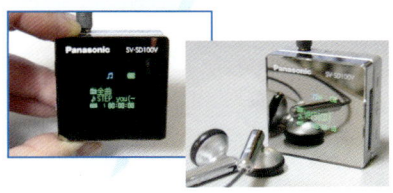

SD オーディオプレーヤーのディスプレイに採用 / 松下電器

ソニーが考える次世代テレビは有機EL

キヤノン55型SED試作機

Display2007は27型と11型が華やかに展示された/ソニー

27型になると有機ELの画質の良さが際立つ/ソニー

11型有機ELテレビは2007年中に発売/ソニー

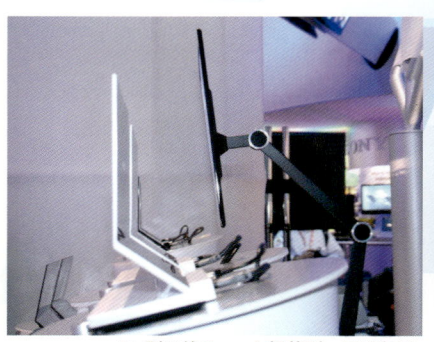

11型は約3mmと超薄型、27型でも約10mm/ソニー

黒と色の再現性の良さが特徴 / ソニー

2002 年に試作した 13 型 / ソニー

パーソナル高画質レテビとして
最適な 11 型 / ソニー

美しく奥行きのある映像を再現 / ソニー

モバイル機器に使われる有機 EL

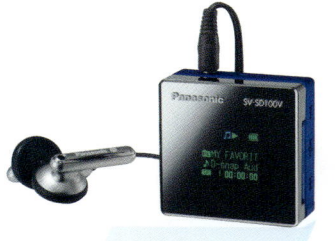

有機 EL ディスプレイ搭載のソニー クリエ

ウォークマン A シリーズ
NW-A3000/ ソニー

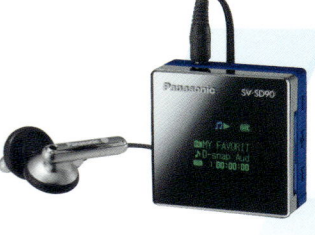

明るくくっきりとした表示は
モバイル機器に最適
/ 松下電器

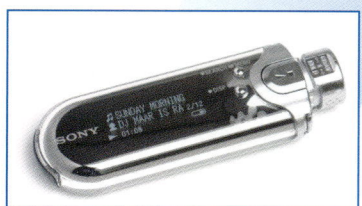

コンパクトなウォークマンの
表示部に採用 / ソニー

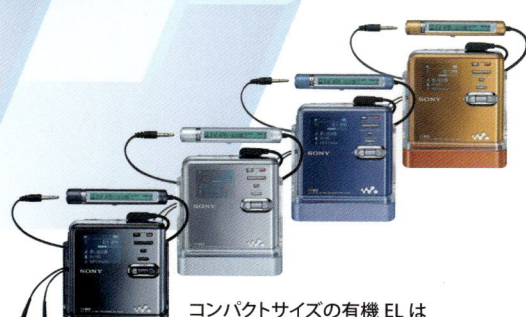

コンパクトサイズの有機 EL は
モバイル機器に使われている / ソニー

KDDIの携帯電話
MEDIA SKIN

東芝の携帯電話
MEP05L-R

シャープの携帯電話 SH-902iS

FOMA 携帯電話　富士通 F901ic

コントラストに優れ、動画もきれいに再現 / アイリバー

7

カー AV は有機 EL の時代

カーオーディオにはモノカラー、パートカラーが使われる / パイオニア

最初に有機 EL が使われたのがカーオーディオ / パイオニア

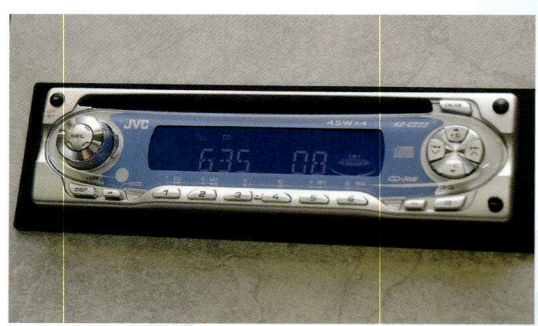

日本ビクターの有機 EL 搭載
カーオーディオ KD-C222

日立ディスプレイズが
東京モーターショーに参考出品した
カーナビ用 7 インチ有機 EL パネル

パイオニアの有機 EL ディスプレイ採用カーオーディオ
FH-P999MDR

目次

第1章 有機ELディスプレイは高画質が魅力 …… 13
- ■ソニーの11型有機ELテレビ …… 14
- ■身近にある有機EL …… 15
- ■次世代FPDの本命は有機EL！ …… 17
- ■有機ELは誕生から20年 …… 18
- ■感動的なほどの画質の良さ …… 20

第2章 有機ELの特長 …… 21
- ■ブラウン管の薄型、軽量化は不可能 …… 22
- ■液晶とプラズマ …… 23
- ■有機ELの良さとは …… 24
- ■20世紀ディスプレイはブラウン管、21世紀は有機EL? …… 28
- ■多彩なメディアに対応 …… 30
- ■これからに期待する有機EL …… 32
- ■まだまだ模索は続く …… 33

第3章 有機ELとは！ …… 35
- ■小型パネルでもきれい …… 36
- ■液晶と有機ELの違い …… 37
- ■有機ELとは …… 39
- ■多くのメーカーが開発に参入 …… 40
- ■有機物と無機物 …… 43
- ■有機ELの発光原理はシンプル …… 44
- ■有機ELの基本特許は米コダック社が持つ …… 46
- ■最初に実用化したのは東北パイオニア …… 50

目次

第4章 有機ELの基本構造と原理 ……………………… 53
- ■シンプル構造と極薄薄膜……………………………… 54
- ■イメージは太陽電池の逆動作！……………………… 56
- ■有機ELの素子構造…………………………………… 58
- ■有機ELの発光材料…………………………………… 60
- ■有機ELの構成材料とプロセス……………………… 63
- ■低分子系と高分子系…………………………………… 66

第5章 フルカラー化と駆動方式 ………………………… 69
- ■モノカラーからフルカラーへ………………………… 70
- ■カラー化方式は3種類………………………………… 71
- ■3色独立画素方式……………………………………… 73
- ■色変換方式……………………………………………… 76
- ■カラーフィルター方式………………………………… 78
- ■駆動方式はパッシブ型とアクティブ型……………… 79

第6章 有機ELの製造技術と最新技術 ………………… 83
- ■量産装置メーカー現る………………………………… 84
- ■製造プロセスはシンプル……………………………… 85
- ■封止して密閉する……………………………………… 88
- ■まだまだ多い課題……………………………………… 89
- ■製造には高いクリーン度が必要……………………… 91
- ■注目されるリン光発光とマルチフォトン…………… 93

第7章 コダック社は基本原理を確立 ……………………… 97
- ■開発の歴史……………………………………………… 98
- ■パイオニアからライセンス供与の話………………… 100
- ■コダック社の基本特許………………………………… 101
- ■三洋電機と共同開発…………………………………… 103
- ■SKディスプレイを設立、そして解散 ……………… 104
- ■三洋電機の取り組みは1989年 ……………………… 106
- ■低温ポリシリコンTFT技術 ………………………… 108
- ■色素ドーピング法を採用……………………………… 109

第8章 量産に進んだパイオニアTDK ………………… 113
- ■有機ELへの参入メーカーの数は多い ……………… 114
- ■量産第1号はパイオニア …………………………… 115
- ■カーオーディオ用がメイン…………………………… 117
- ■アクティブマトリクス型からは撤退………………… 118
- ■TDKはカラーフィルター方式 ……………………… 121
- ■特長は輝度半減寿命…………………………………… 122
- ■青+黄の2層構造による混合発光 …………………… 124
- ■フルカラー化と高精細化に有利な方式……………… 126

第9章 方向は違うが最先端を行くソニーと出光興産 … 127
- ■2001年に13型のアクティブマトリクス方式を展示 … 128
- ■TAC構造を採用。さらに進化 ……………………… 129
- ■スーパートップエミッション………………………… 131
- ■有機膜形成にLIPSを採用 …………………………… 134
- ■出光興産は有機EL材料の生産工場を建設 ………… 135
- ■フルカラー有機ELパネルを試作 …………………… 136
- ■CCMは出光興産のオリジナル技術 ………………… 138
- ■CCMを採用した富士電機 …………………………… 141
- ■コントラスト比アップを実現………………………… 143
- ■低波長の光を高波長にシフト………………………… 145

目次

第10章 TMD（東芝松下ディスプレイテクノロジー）とエプソンは高分子系 … 147
- ■ 2009年に有機ELテレビを市場投入 …………………… 148
- ■ TMDは低分子、高分子の2面作戦 …………………… 149
- ■ TMDが持つ高い潜在能力 ……………………………… 150
- ■大型パネルを目指すセイコーエプソン………………… 151
- ■独自のTFT構造を採用 ………………………………… 153

第11章 FPDの技術と現状 その1 ……………………………… 155
- ■ディスプレイの種類…………………………………… 156
- ■ FPDの役割 …………………………………………… 157
- ■メディアの統合とこれからの方向性………………… 159
- ■ LCDを育てたのは日本の技術 ……………………… 160
- ■ TN型からスタート …………………………………… 162
- ■テレビ用に画質が進化………………………………… 164
- ■ LCDの画素のドライブ方式 ………………………… 165
- ■低温ポリシリコンTFTとアモルファスシリコンTFT…… 167

第12章 FDPの技術と現状 その2 ……………………………… 171
- ■大画面FPDを代表するPDP ………………………… 172
- ■ PDPの動作原理 ……………………………………… 173
- ■ PDPの構造 …………………………………………… 176
- ■注目され始めたFED ………………………………… 178
- ■ FEDは構造がシンプル ……………………………… 179
- ■ SEDはインクジェット技術を採用 ………………… 181
- ■無機ELと有機EL……………………………………… 182
- ■ LEDとVFD …………………………………………… 184

索引…………………………………………………………… 187
あとがき……………………………………………………… 190

第1章

有機EL
ディスプレイは
高画質が魅力

■ソニーの11型有機ELテレビ
■身近にある有機EL
■次世代FPDの本命は有機EL！
■有機ELは誕生から20年
■感動的なほどの画質の良さ

■ ソニーの 11 型有機 EL テレビ

　2007 年は有機 EL（Organic electroluminescence）にとって飛躍の年となりそうだ。年頭から驚くことがあった。1 月 9 日からアメリカで行なわれた CES（Consumer Electronics Show）にソニーが 27 型と 11 型の有機 EL パネルを展示。4 月 11 日から東京で開催された「Display 2007」で国内お目見えした。ここには TMD（東芝松下ディスプレイテクノロジー）も 21 型有機 EL を出展していた。

　ソニーは 13 型、TMD は 17 型の有機 EL をすでに発表している。その意味では単に大型化を進めただけのようで、セイコーエプソンも 2004 年に 40 型を発表している。しかし、これらはあくまで試作であって、有機 EL の大型化は難しいというのが定説であった。

CES のソニー有機 EL ブース

ソニー提供

第1章　有機ELディスプレイは高画質が魅力

だが、ソニーは2007年内に11型を発売すると宣言し、東芝は2009年に有機ELテレビを導入するという。いよいよ有機ELテレビが視野に入ってきたのだ。

■ 身近にある有機EL

有機ELはすでに量産されている。世界で最初に量産を行ったのはパイオニアで、それにTDKが続く。コダックと三洋電機の合弁会社であるSKディスプレイも量産を開始したが、その後に合弁を解消して三洋電機は有機ELから撤退した。TMDや日立も量産体制を整え、ソニーは2004年にパーソナルエンターテインメントオーガナイザーのCLIEに採用。ウォークマンにも搭載した。

だが、日本メーカーは全体的に消極的な感じだ。技術的には優れているのだが、商売に結びついていない。まごついている間に韓国、台湾メーカーが量産体制を整えてしまった。サムスンSDIやLG電子が有機ELパネルのトップメーカーになっている。携帯電話のauなどが有機ELをサブパネルに採用しているが、多くは韓国・台湾メーカー製だ。

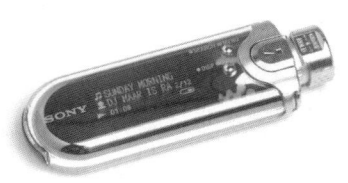

ウォークマン　NW-E505（左）　AシリーズNW-A3000（右）　SONY

一般的には有機 EL といわれてもピンとこないと思われる。だが、実際には身近な場所で使われ、知らずに目にしている。その代表がカーナビやカーオーディオである。パイオニアは有機 EL を最初に量産し、技術的にも最先端を行く。テレビはプラズマテレビをメインに位置づけているために、テレビへの展開は行なっていないが、カーナビのディスプレイは普及機まで有機 EL。アルパインも TDK の有機 EL パネルを採用している。
　最近増えてきたのが携帯電話のサブパネルへの採用だ。有機 EL は小さな画面でもきれいで発色が良く、薄型で消費電力が少ないという特徴がある。さらに、地上デジタル放送のワンセグ対応モデルではテレビの動画をキレイに表示できなければならない。ということでメインパネルにも採用され始めた。液晶のシャープまで携帯電話に有機 EL を採用したほどだ。

au MEDIA SKIN　　KDDI

第1章　有機ELディスプレイは高画質が魅力

　PDAやポータブルAVプレーヤーにも有機ELを搭載するモデルが現れている。その代表がソニーのCLIEやウォークマンだ。また、キオスク端末や照明にも有機ELは進出しつつある。小型のフラットディスプレイで見た目は液晶パネルと変わらないので、気づかない人が多いが、身近な存在になりつつあるのだ。

■ 次世代FPDの本命は有機EL！

　有機ELがメジャーな存在になるかはテレビに使われるかで決まる。現在はカーナビやポータブルAVプレーヤー、携帯電話などの小型画面しかない。それらのカタログには有機EL採用と記されているが、有機EL自体が液晶やプラズマのようなメジャーな存在ではない。

ソニーの11型有機ELテレビ

ソニー提供

印象としてはちょっときれいな液晶画面だろう。有機 EL だからと購入する人はまだ少ないはずだ。

やはりテレビに使われるかである。そこで注目されるのがソニーが 2007 年中に発売すると発表した 11 型有機 EL テレビである。画面サイズは小さいが、これが登場することで有機 EL の認知度がぐっと上がることは間違いない。ということよりもその画質に魅了されるのではないか。

11 型というサイズはガラス基板のサイズや製造面からの判断だろうが、画質は液晶テレビを大きく凌駕する。価格が高くても納得してもらえる画質ということだ。液晶やプラズマの FPD もここ数年で画質が進化しているが、それとは次元が異なる画質。というよりも生まれの違いか。このサイズでこれだけの画質が得られるのなら、それが大型化できればさらにすごいテレビになる。

■ 有機 EL は誕生から 20 年

有機 EL は 1987 年の米コダック社の C.W.Tang 氏の発表からといわれる。確かに真空蒸着薄膜を 2 層積層して電流を流すことで発光を確認した。しかし、実際にはポワッと数秒間光った程度らしい。これは低分子型と呼ばれる方式で、コダックが基本特許を持っていたが、その多くはすでに切れている。

1990 年にはケンブリッジ大学グループが高分子型の有機 EL を発表。これはインクジェット方式で塗布できるために、大画面化に有利と言われているが、まだ安定した性能は得られていない。

1997 年にはパイオニアが世界初のカーオーディオ用緑単色ドットマトリックスディスプレイを市場導入。そして 2007 年のソニーの発

第1章　有機ELディスプレイは高画質が魅力

売宣言となる。10年おきに転機がやってきていることになる。有機ELが液晶を超えるのは10年後の2017年か。

　有機ELは画質の良さから話題性はあるのだが、まだ未来技術である。それをソニーや東芝が先取りする形になるのだが、画面サイズは小さいし、テレビとして使える特性を得ているかははっきりしない。携帯電話やポータブルディスプレイに採用されたのは使用時間が短く、数年で買い替えられる。パネル寿命が問題にならないからだ。

　ある調査によると2012年に有機ELテレビの出荷金額は約7億ドルになるという。それでも液晶テレビやプラズマテレビと比較すると微々たるものだ。だが、確実に液晶テレビに取って代わると考えている人は多い。

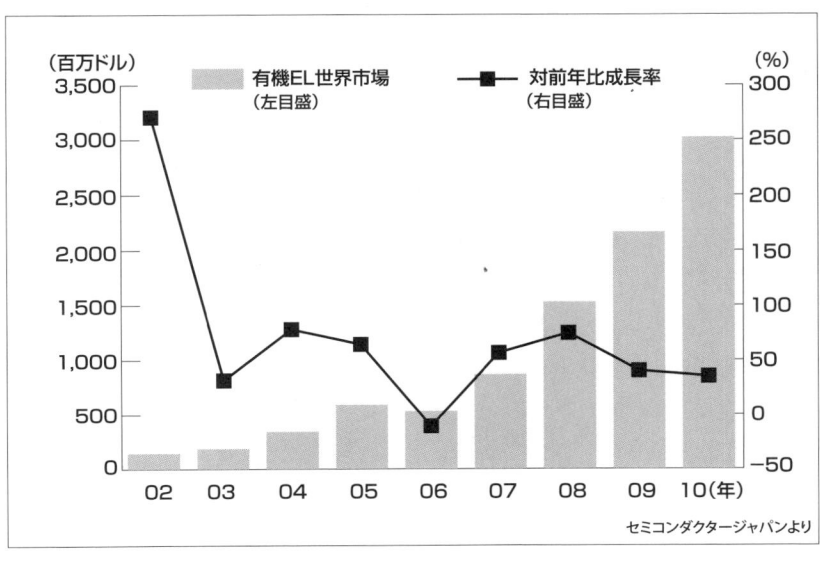

有機ELの世界市場推移と予測

■ 感動的なほどの画質の良さ

　なぜ有機 EL が注目されているのだろうか。それは画質の良さからである。こればかりは実際に見ていただくしかないのだが、小さな携帯電話のパネルを見るだけでも分かるはずだ。携帯電話は文字や静止画の頃は液晶で十分だったが、動画が扱えるようになり、デジタルテレビのワンセグ機能を装備したモデルも増えた。画質が求められるようになっているのだ。
　有機 EL は色再現範囲とコントラスト比に優れるために映像に奥行きがある。応答速度の速さや視野角の広さはもちろんである。これは携帯電話の小型パネルでも分かる。それが大きくなるとどうなるのか。それがソニーの 27 型、11 型である。液晶やプラズマとは次元が異なる高画質なのだ。似たものに FED（Field Emission Display）や SED（Serfaceconduction Electron – emitter Display）があるが、有機 EL は 27 型でも厚さ 10mm とスリムだし、また基板にフィルムを使えばフレキシブルディスプレイが作れる。消費電力も少ない。有機 EL はいいことだらけのディスプレイなのだ。
　ただし、現時点では大型パネルの量産は難しいし、歩留りも悪い。コスト的には液晶やプラズマに太刀打ちできない。テレビとしては寿命の問題もある。だが、これらは時間が解決する問題でもある。5 年後は難しいだろうが、10 年後には有機 EL テレビが主役になっている可能性はある。未来の、いや次世代の FPD なのだ。

第2章

有機ELの特長

- ■ブラウン管の薄型、軽量化は不可能
- ■液晶とプラズマ
- ■有機ELの良さとは
- ■20世紀ディスプレイはブラウン管、21世紀は有機EL？
- ■多彩なメディアに対応
- ■これからに期待する有機EL
- ■まだまだ模索は続く

■ブラウン管の薄型、軽量化は不可能

それにしてもあっという間にありとあらゆる場所でFPDが使われるようになってしまった。ブラウン管は完全に駆逐された格好。液晶は小型から大型まで使われ、プラズマは大型に特化。キヤノンと東芝がSEDを発売すると予告したが、現時点ではまだ製品化されていない。キヤノン、東芝は有機ELの開発も行なっているため、有機ELテレビの方が早く姿を現す可能性もある。リアプロジェクションテレビもスリム化が進んでいる。

ディスプレイはマン・マシン・インターフェースである。毎日見るテレビやパソコン、携帯電話はもちろん、クルマに乗ればカーナビやカーオーディオのディスプレイを見る。鉄道でも駅には駅名表示があるし、車内にもディスプレイも、銀行やコンビニのATM操作もディスプレイを見ながらだ。現代生活にディスプレイは欠かせない存在である。

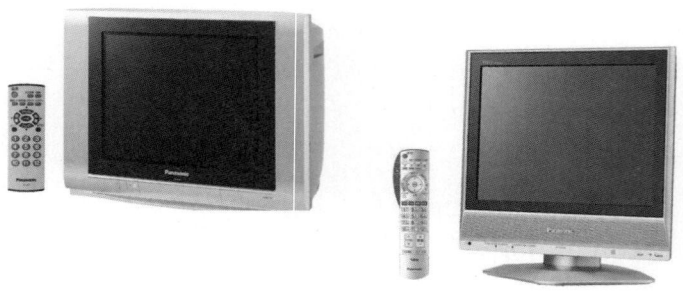

ブラウン管テレビと液晶テレビ

第 2 章　有機 EL の特長

　もちろん、突然 FPD 時代がやってきたわけではない。その前のブラウン管は約 100 年かけて完成度を高めてきた。画質的には現在も最高レベルで放送局のマスターモニターや航空管制用モニターにはまだ使われている。だが、ブラウン管は巨大な真空管であり、パネル面はフラット化されたが大型化に限界がある。奥行きを短くすることができず、ガラスの固まりのために重くなる。

　テレビが 29 型程度まではブラウン管で対応できたが、ハイビジョン放送が始まり、より高画質、大画面が求められるようになると設置スペースや消費電力からも新しいディスプレイ、FPD が求められるようになった。

■液晶とプラズマ

　FPD は 1970 年代の後半から現れたが、その開発は容易ではなかった。当初は電卓や AV 機器の表示部、空港などの行先表示用などに使われた。もちろんモノカラーである。1990 年代まではフルカラー表示ができる FPD はなかった。FPD が一躍注目されたのは LCD（Liquid Crystal Display）がフルカラー化してからだ。だがパソコン用としてはグラフィック表示ができれば良く、方式から動画には不向きであった。サイズも小さかった。

　動画のテレビのためのディスプレイとして 1990 年代の後半に PDP（Plasma Display Panel）が現れた。これは大型化に適した方式で、当初から 42V 型などの大画面からスタートした。液晶テレビも作られたが、残像が目立ち、テレビとしての評価は低かった。液晶とプラズマが FDP として大画面化、高画質化するのは 2000 年代に入ってからである。

液晶テレビとプラズマテレビ

　LCD と PDP はディスプレイとしては同じように見えるが、構造に大きな違いがある。LCD はそれ自体は発光しないために、明るく見るにはバックライトが必要。PDP はパネル自体が発光する。高精細化では LCD が有利でいち早くフル HD 化したが、PDP も最近はフル HD がメインになっている。FED、SED も自発光ディスプレイだ。そこに加わろうとしているのが有機 EL。これも自発光ディスプレイである。

■有機 EL の良さとは

　ここ数年で大きく進化したのが液晶テレビだ。携帯電話やポータブル用などの小型から 100 型を超える大型まで作られている。LCD が他のパネルと違うのがパネル自体は発光しないことだ。明るく表示するにはバックライトが必要。これには冷陰極管や LED などが

第 2 章　有機 EL の特長

使われる。バックライトは常時点いているために、黒や色の再現性に限界がある。漆黒の黒がでない。視野角も狭い。応答速度も遅く、残像が目につきやすい。PDP は自発光だがこれも黒の再現性が課題として残っている。

とはいえ、LCD も PDP も急速に画質が向上している。だが、どうしても超えられない壁がある。これらは大型テレビとしてハイビジョン番組を楽しむのに十分以上の画質を持つが、それ以上の画質の可能性を持つのが有機 EL なのだ。

特長を羅列すると
1) 高輝度
2) 高コントラスト
3) 応答速度が速い

2001 年のソニーの 13 型試作モデル

4) 広視野角
5) 高解像度
6) 薄型化が可能
7) 低消費電力
8) フレキシブル化が可能
9) 色再現範囲が広い
10) 小型ディスプレイから大型テレビまで対応

　すでに小型パネルは量産が始まっている。携帯電話やカーナビ用がメインでテレビはまだないが、そこにソニーが11型の発売を発表した。まだ、開発途上のデバイスだがディスプレイの概念を覆すディスプレイが有機ELなのだ。
　もちろん課題も多いが、これからの技術開発でクリアーされていくはずだ。

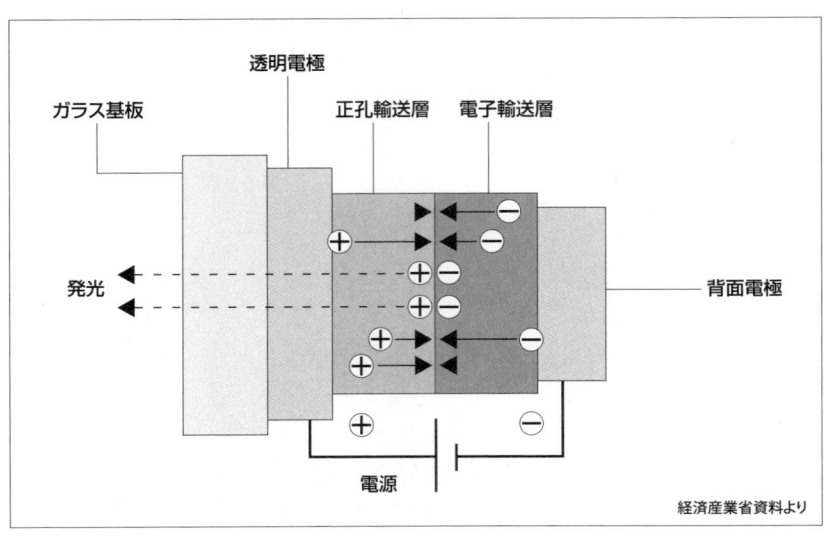

有機ELの発光原理

第2章　有機ELの特長

ディスプレイ用途要求性能

用途			画質			応答速度	視野角	薄さ	耐久性	消費電力	コスト	その他	ほぼ条件を満たす技術	
			解像度	輝度	色調								現在	将来
携帯端末等	携帯端末等	・携帯電話 ・PDA ・AV機器パネル （ビデオカメラ等）						◎	◎	◎			LCD 有機EL	LCD 有機EL
TV	小中型 （～30インチ）	・家庭用テレビ	◎	◎	◎	◎		○	○		◎		CRT LCD	LCD 有機EL FED
TV	大型 （30インチ～）	・家庭用テレビ	◎	◎	◎	◎	○	○	○		◎	大画面	LCD PDP	LCD FED PDP
パソコンモニター	ノートPC	・ノートパソコン ディスプレイ	◎	○			○	○	○	◎	○		LCD	LCD 有機EL
パソコンモニター	デスクトップ	・デスクトップ ディスプレイ	◎	○					○		○		CRT LCD	LCD 有機EL FED
車載パネル	車載パネル	・車内パネル （計器類） ・カーナビ ・車載AV機器パネル	○	○					◎	○	○	対環境性 （温度変化 耐震性）	LCD 有機EL FED	LCD 有機EL FED
照明パネル	照明パネル	・室内照明 （施工のいらない 照明・蛍光灯の 代替）		○				○	○	○			無機EL	無機EL 有機EL FED
ペーパーディスプレイ	ペーパーディスプレイ	・電子ペーパー	○							○	○	フレキシ ビリティ	無機EL	有機EL

27

■20世紀ディスプレイはブラウン管、21世紀は有機EL？

　20世紀を代表するディスプレイはブラウン管(CRT：Cathode Ray Tube)であった。100年を越す歴史を持ち、テレビ放送が始まる前は主に計測器などに使われ、テレビ放送が始まると家庭に入った。カラー化、高画質化が進んだが、最も注目すべきは低価格化だろう。まだ家庭で使われているテレビの多くはCRTだろうが、パソコンモニターを含めて急速にLCDとPDPにその地位を譲り渡していく。

　CRTは歴史があるだけにテレビとして画質を含めて完成度は高い。完成度が高いなら、それをベースにFPD化すればいいではないか。もちろん各社ともチャレンジしたが、薄くすると周辺のフォーカスがとれない。真空管のために大型化するとガラスを厚くして補強をしなければならない。そこで、小さな画素のひとつひとつをCRTと同じ構造にして薄型化を可能としたのがFEDやSEDだが、これは作るのがかなり難しい。姿を現すのは数年後になりそうだ。

　テレビはほとんど完全にCRTからLCDやPDPに移行した。家電量販店にいっても並ぶのは液晶とプラズマだけ。ブラウン管は格安モデルが少しあるだけだ。だが日本には1億台以上のテレビがある。その全てがFPDに切り換わるまでにはまだ時間がかかる。

　では有機ELはというと、各社1990年代に研究開発を本格化させた。後述するように様々な要素が絡み合い、開発は遅々として進まなかったが、1997年に東北パイオニアがモノカラーで実用化し、量産を始めた。1998年のエレクトロニクスショーでは出光興産やパイオニア、NECがフルカラーの試作パネルを展示したが、この頃は話題性としては低かった。

　新聞などで取り上げられ始めたのは2001年のCEATECでソニー

第 2 章　有機 EL の特長

が 13 型の有機 EL パネルを展示してからだ。この年には三洋電機も 5.5 型を展示、韓国電子展ではサムスン SDI が 15.1 型を展示した。中でもソニーのインパクトは大きかった。翌年には東芝が 17 型の試作パネルを発表している。2001 年には NEC が第 3 世代の携帯電話 FOMA にカラー有機 EL を採用。小型パネルの量産が始まったのはこの頃からだ。だが多くはモノカラー、パートカラーだった。

　2005 年から 6 年にかけては数多くとはいえないが、有機 EL 搭載の機器が登場した。そして 2007 年のソニーの 11 型年内発売の発表になるわけだが、この間に NEC や三洋電機など有機 EL から撤退した会社も多い。パイオニアもアクティブ駆動方式から撤退し、作りやすいパッシブ駆動方式に絞っている。まだ産みの苦しみの時期といえる。

量販店のテレビコーナー

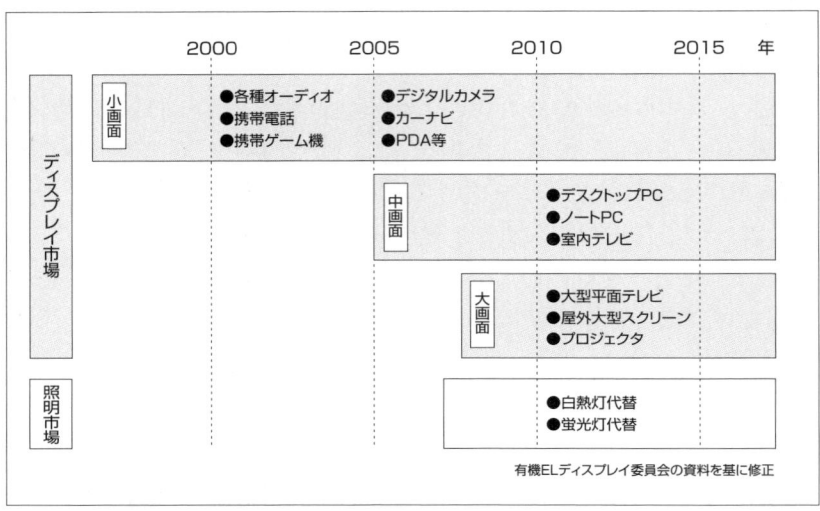

有機ELのロードマップ

■多彩なメディアに対応

　ここ数年で情報メディア環境が大きく変わった。インターネットはADSLから光ファイバーに移行。CATVも高速通信が可能になっている。動画配信が行なわれ、ディスプレイは動画対応と高精細化が必要になった。携帯電話も3Gサービスが始まり、地上デジタル放送のワンセグ受信機能を持つモデルが増えた。

　テレビ放送も2000年にデジタルハイビジョンのBSデジタル放送が始まり、2002年に110度CSデジタル放送、2003年に地上デジタル放送、2006年に地上デジタル放送のワンセグ放送といった具合。この変化がディスプレイの高画質化、高精細化をうながしたのだ。パソコンもテレビパソコンが増えた。この動きはディスプレイにマ

第 2 章 有機 EL の特長

ルチユースが求められるようになったということだ。

　家庭でも、オフィスでも、屋外でも、クルマでも使える情報端末とテレビ。そこで求められるのは消費電力が少なく、自発光で屋外でも明るく、見やすく、軽量化が可能で動画に対応した高精細、高コントラスト画質。有機 EL の特長そのものである。

　また、有機 EL は照明や LCD のバックライトとしても注目されている。

マルチに使われるディスプレイ

■これからに期待する有機EL

　有機ELのマーケット規模についてはさまざまな調査があるが、パイオニアが量産を始めた1997年、NECがFOMAに採用した2001年頃はかなり楽観的だった。まだ小型パネルだけだったが、多くのメーカーが量産を始め、大型化も進むだろうといった感じだった。2005年には2000億円を超える規模になるとしていた。

　だが、これはかなり期待値が高かったようである。確かに携帯電話やデジカメなどに採用されたが、当初は携帯電話はサブディスプレイパネルであり、テレビ機能はなかった。その間に有機ELから撤退するメーカーも現れ、韓国や台湾メーカーが量産体制を整えて行った。特に積極的だったのは韓国メーカーだ。

ディスプレイ	現状 （実用化段階）	将来性
ブラウン管 （CRT）	・TV用の主流 ・大量生産	・低コストで高画質。 ・耐久性が高い。 ・薄くできないという欠点あり。 ・将来性は低い。
液晶 （LCD）	・ノート型PC、携帯電話等の主流 ・大量生産	・中小型を中心に引き続き広汎な利用が見込まれる。 ・ブラウン管（CRT）より消費電力が低い。 ・耐久性が高い。 ・現状では、輝度、動画描写等に課題。
プラズマ・ ディスプレイ （PDP）	・薄型・大画面TV用として製品化済み	・大画面で薄型の技術で展示用モニタや大型TV用に当面普及が見込まれる。 ・電力消費が大という欠点あり、生産コストも大。 ・画素の高精細化が困難。
有機EL	・一部の携帯電話で製品化	・携帯電話等の携行用機器、TV用、パソコン用など、広汎な利用が見込まれる。 ・現状で消費電力はブラウン管（CRT）より低く、液晶（LCD）と同程度。 ・高画質。 ・現状で耐久性に課題。 ・発光効率と耐久性の高い材料の開発が研究課題。
フィールド・ エミッション・ ディスプレイ （FED）	・試作段階	・大画面で薄型の技術で、将来技術が確立すればPDPに取って代わる可能性がある。 ・消費電力はブラウン管（CRT）より低い。 ・高画質。 ・将来、中小型でも可能性あり。

（経済産業省技術調査室作成）

日本メーカーは量産技術は持っていても、有機 EL に対して冷ややかだった。力を入れていたのはパイオニアやソニー、TDK など。また、有機 EL は照明など様々な可能性を持ち、そのひとつに液晶のバックライトがあるが、テレビを含めてこれらの展開はこれからである。

有機 EL テレビに関していうと 2007 年の出荷台数は約 8000 台で、2012 年に約 120 万台になるだろうという調査がある。テレビは毎年 1000 万台以上も売れている。その中では微々たるものである。20 型を超える大型アクティブマトリクス方式パネルの量産が可能になれば、低価格化が進み、様相は変化すると思われるが、本気で取り組まないと韓国メーカーの独壇場になりそうだ。

頑張れ日本メーカーである。だが、面白いのは有機材料メーカーや製造機器メーカー、印刷会社などが参入していること。この厚みが日本のよさである。

■まだまだ模索は続く

有機 EL はパッシブマトリクス方式のモノカラーやパートカラーから始まり、フルカラーになり、動画再現に適したアクティブマトリクス方式のフルカラーになる。テレビとして使えるのはアクティブマトリクス方式だが、小型パネルならパッシブマトリクス方式でいける。低分子系、高分子系ともに有機材料も進化している。発光効率では数年前まではリン光が話題だったが、マルチフォトンという手法も開発された。

製造法では低分子系は蒸着で有機膜を形成する。プロセスとしては LCD に近く、クリーンルームが必要で、蒸着釜やメタルマスクなどがいる。そのこともあって小型パネルには対応できるが、大型パ

ネルは難しい。高分子系は印刷技術が使える。インクジェットプリンタで塗布できるため、大型化に適するといわれる。だが、まだまだ様々な部分に課題が残っているのも事実だ。

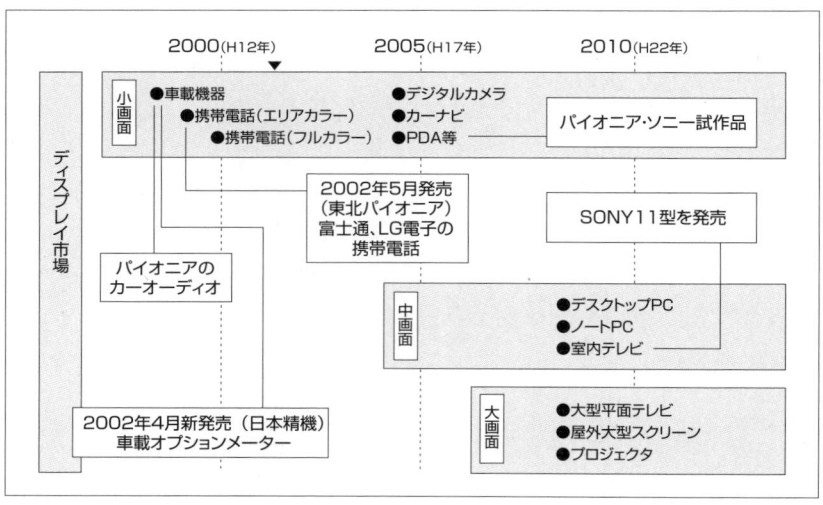

有機EL市場の現状と今後の展開

第3章

有機ELとは！

■ 小型パネルでもきれい
■ 液晶と有機ELの違い
■ 有機ELとは
■ 多くのメーカーが開発に参入
■ 有機物と無機物
■ 有機ELの発光原理はシンプル
■ 有機ELの基本特許は米コダック社が持つ
■ 最初に実用化したのは東北パイオニア

■小型パネルでもきれい

　有機 EL はディスプレイに興味を持っている人を除いてはほとんど知られていない。2002 年以降携帯電話に採用されたので、実際には目にしている人は多いはずなのだが、見た目は液晶と変わらない。しかも、サブパネルへの採用が多かった。ちょっときれいな小型画面程度の印象だったのだろう。これが最新のディスプレイとは想像もできない。

　ソニーの CLIE が 3.8 型アクティブマトリクス方式の有機 EL パネルを採用。このサイズになると液晶との違いがはっきりする。また、au の携帯電話 MEDIA SKIN は 2.4 型。ソニーはウォークマンにも採用している。カーナビのディスプレイでも有機 EL と他のディスプレイの違いは分かりづらい。画質の良さが理解されるのはソニーが 11 型有機 EL テレビを発売してからになりそうだ。

有機 EL 搭載 AV プレーヤー　アイリバー Clix2

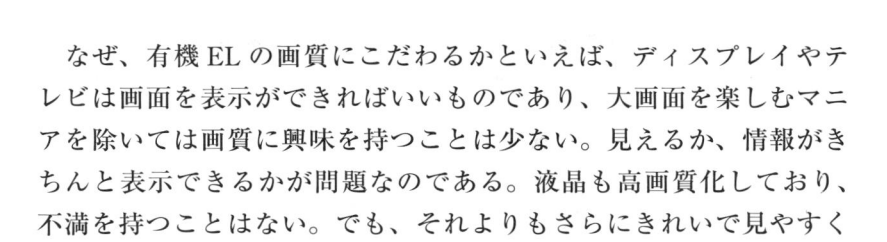

なぜ、有機ELの画質にこだわるかといえば、ディスプレイやテレビは画面を表示ができればいいものであり、大画面を楽しむマニアを除いては画質に興味を持つことは少ない。見えるか、情報がきちんと表示できるかが問題なのである。液晶も高画質化しており、不満を持つことはない。でも、それよりもさらにきれいで見やすく欠点が少ないのが有機ELなのだ。

■液晶と有機ELの違い

 有機ELは見た目は液晶パネルと変わらない。画像を表示するデバイスでFPDという点でも同じだ。これは液晶とプラズマでも同じことがいえる。共に大画面の薄型テレビであり、選択の基準となるのは価格とデザイン、それにプラスアルファの要素として画質。有機ELの画質が素晴らしいといっても、すぐに液晶に取って代わることはない。有機ELの高画質を必要とする機器はまだ少ないからだ。

 ではどうして有機ELが次世代ディスプレイデバイスとして注目されているのかというと、液晶とは違う良さを持っているためである。わかりやすい部分でいえば、ディスプレイ自体が発光するということだ。液晶はバックライトからの光をコントロールするデバイスだが、有機ELはパネル自体が光る。バックライトが不要で視野角が広く、応答が速い。より使いやすいディスプレイデバイスなのだ。

 ディスプレイはここ数年でブラウン管からFPDに大きく変わった。その変遷を見ると求められる機能としては薄さ、応答の速さ、軽量化、省電力化がある。それらを高いレベルでクリアーでき、最高レベルの画質が得られる。これが有機ELなのだ。ディスプレイの中で自発光でないのは液晶だけだ。

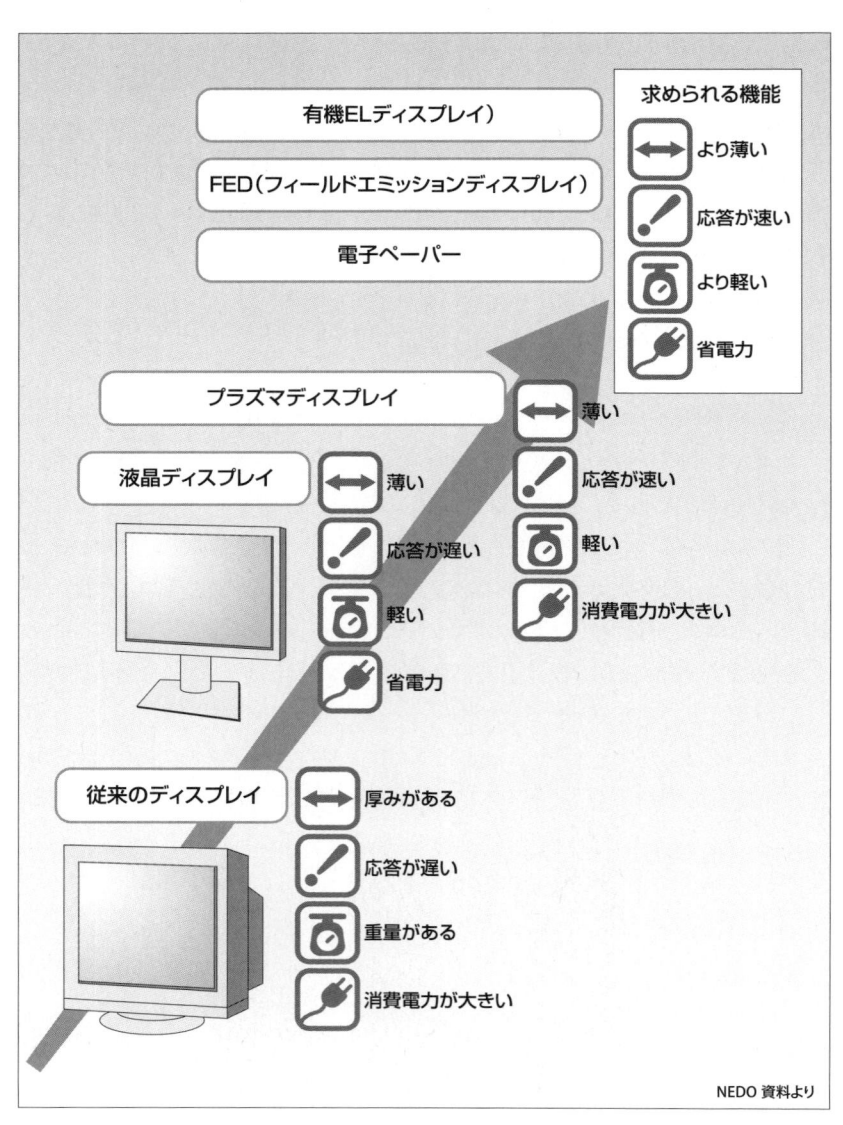

ディスプレイの変遷

■有機ELとは

　有機ELはその名の通り、EL（エレクトロルミネッセンス：Electroluminescence：電界発光）現象を使った発光素子。ルミネッセンスというのは、物質が外部からエネルギーを受け取り、光として再放出する現象。この時に物質にエネルギーを与えることを励起といい、光や電子線、X線、電界などが使われる。光を用いたものがホトルミネッセンス、電子線はカソードルミネッセンス、X線はX線ルミネッセンス。そして電界を使うのがエレクトロルミネッセンスだ。ルミネッセンス現象を起こす物質には有機、無機の気体、液体、固体がある。

　EL現象を利用したデバイスには実用化しているものとしてLED（Light Emitting Diode）や無機ELがある。LEDは信号機やクルマのライト、スタジアムの大画面ディスプレイなどに使われており、ご存じだろう。その次の発光デバイスとして注目されているのが有

無機ELパネル　TDK

機ELでこれもテレビやディスプレイだけでなく、照明などの多彩な用途が考えられている。

有機ELは原理がLEDに似ていることから欧米ではOLED（Organic LED）と呼ばれることが多いが、日本では有機ELと呼ぶのが普通だ。

■多くのメーカーが開発に参入

有機ELは小型パネルで量産が始まっているとはいえ、まだ研究・開発途上であり、これからのディスプレイデバイスである。まだま

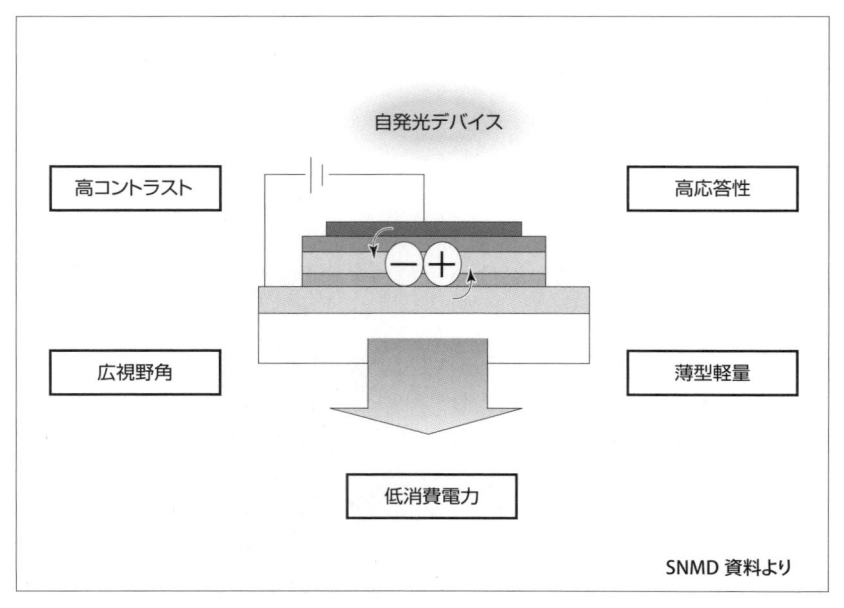

有機ELの特徴

第3章 有機ELとは!

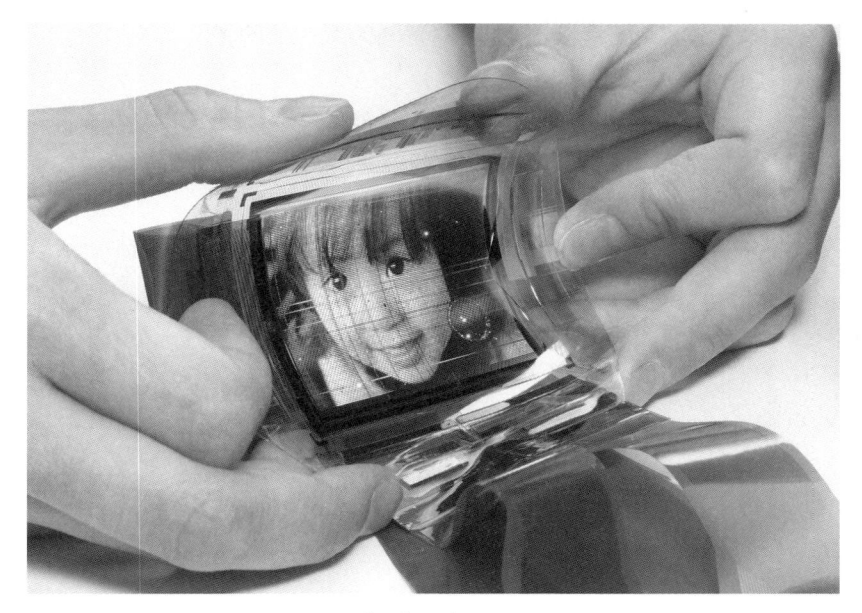

フレキシブルディスプレイ　ソニー

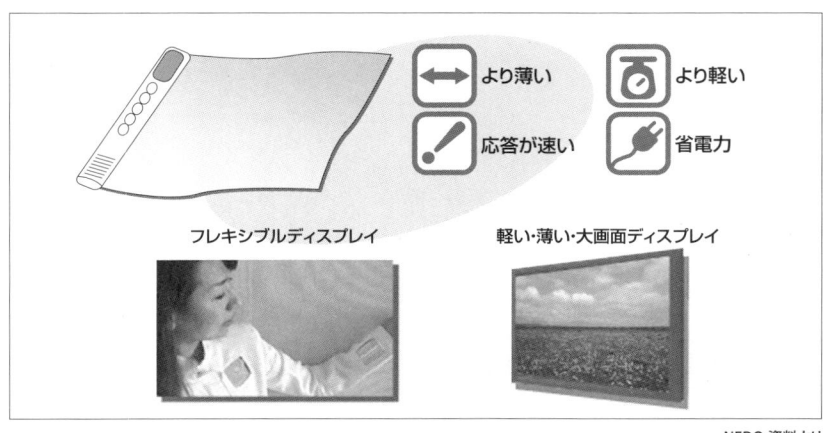

有機ELディスプレイ

より薄い　より軽い　応答が速い　省電力

フレキシブルディスプレイ

軽い・薄い・大画面ディスプレイ

NEDO資料より

だクリアーしなければならない技術、材料・素材的な部分があり、大型化もこれからだが、将来は大画面テレビやフレキシブルディスプレイにまで展開可能とされている。

　比較は大画面専用の感があるプラズマではなく、どうしても液晶とになってしまう。液晶も電卓用などの小型、モノカラーパネルから出発しフルカラー大画面にまで成長した。高画質化も急だが自発光でないのでバックライトが必要で視野角やコントラストなどにまだ課題は残る。有機ELにも寿命など課題がないわけではないが、まだ誕生したばかりのデバイス。大画面化を含めてこれから急速に進化していくはずだ。

　ディスプレイは装置産業である。製造設備を導入し、ちょっとしたノウハウがあれば製造ができる。その分かりやすい例が液晶パネルだ。当初は日本メーカーがリードしたが、現在では韓国メーカーが世界市場の半分以上を占めている。台湾メーカーも強いが、大画面液晶テレビ時代になると様相が変わった。巨大なクリーンルームを備えた工場に巨額の投資が必要。PDPも同じだ。

　その点、有機ELはまだ小型パネルの時代であり、コンパクトなラインで製造ができる。マザーガラスや基板サイズも小さくていい。これからのディスプレイであり、開発に参入しているメーカーは家電メーカーだけでなく、有機素材メーカー、印刷会社、照明機器メーカー、製造設備メーカーなど数多い。海外でも同様で欧米でも基礎技術の開発は着々と進んでいる。

　今までのディスプレイパネルと違うのは、電気や工学ではなく、化学の部分が重要なこと。有機ELには低分子系と高分子系があり、製造工程は異なるが発光層の素材と蒸着や塗布技術が重要。ここで発色や画質が決まる。LCDやPDPに乗り遅れたメーカーが有機ELに着目している面もある。

第3章 有機ELとは!

■有機物と無機物

　有機ELは電流を注入すると光る性質を持った有機物質を発光体として使ったディスプレイ。発光層に無機化合物を使うのが無機ELで、有機化合物を使うのが有機EL。有機ELは高輝度で効率が高く、直流の低電圧駆動、高速応答性やカラー化などで無機ELより優れているが、寿命に課題があった。数千時間ではディスプレイとして実用にならない。最近は新しい発光材料により、万のオーダーに伸びつつある。

　有機という言葉は有機野菜などで身近な存在。そもそも有機と無機の違いはなにか。スーパーには有機栽培の野菜がある。有機栽培は無機物の化学肥料を使わずに、堆肥などの有機物で育てた野菜だ。人間を含めた生物はタンパク質やアミノ酸などの有機物でできている。有機物は生物にしか作れないもの、化学合成できるのは無機物

iFireの無機ELディスプレイ

と分けて考えられていたが、生物にしか作れない有機物の一つである尿素を19世紀の初めにドイツのウェーラーが合成する。そこで現在は「炭素を含む化合物で、二酸化炭素や炭酸塩は含まない」ものと定義されている。ポイントは炭素にある。

　ELには有機ELと無機ELがある。どちらもEL現象による発光だが、発光のもとになる励起の機構が違う。励起というのは物質が安定的な低いエネルギー状態から何らかの刺激を受けて高いエネルギー状態になることだ。励起状態から低いエネルギー状態に戻る時に発光するのがルミネセンス。ELはプラスとマイナスの電気によって生じる電界によって励起を生じさせる発光現象のことだ。同じELでも有機と無機では励起の機構が異なり、別物といえる。有機ELはLEDに近い。

　無機ELには厚膜型、分散型、薄膜型があるが、蛍光体の中の電子が高電界下で加速され、発光中心に衝突して励起する。現在の無機ELは交流動作で高い電圧が必要。交流電圧の周波数で励起回数や発光回数が変わる。電圧と周波数を上げると輝度が高まる。

■有機ELの発光原理はシンプル

　有機ELの構造と発光原理はシンプルである。だが、LCDやPDPと違い、nm（ナノメートル）レベルの発光層内部での電子やホールの動きなので、イメージとして理解しづらい。大雑把にいえば、有機化合物の極薄の発光層に電気を流すと光るといったもので、蛍の発光に似ているともいわれる。有機ELは外部から電子とホール（正孔）を注入し、その再結合エネルギーにより発光中心を励起する。無機ELが交流動作であったのに対して直流動作であり、電子とホール（こ

第3章　有機ELとは!

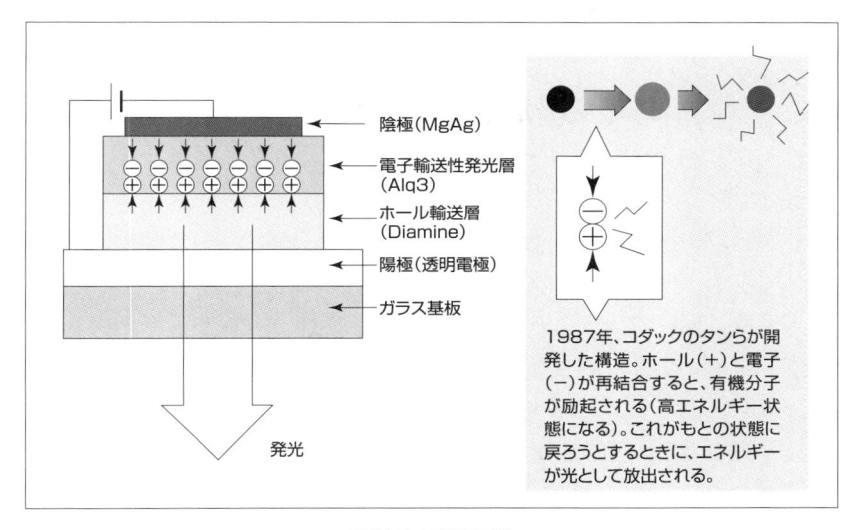

有機ELの発光原理

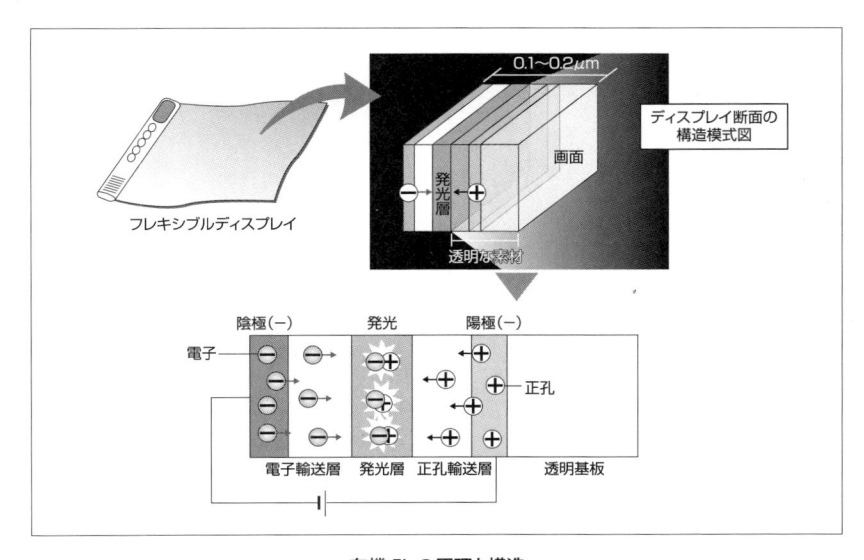

1987年、コダックのタンらが開発した構造。ホール（＋）と電子（−）が再結合すると、有機分子が励起される（高エネルギー状態になる）。これがもとの状態に戻ろうとするときに、エネルギーが光として放出される。

有機ELの原理と構造

45

れらをキャリアと呼ぶ)が電極から有機膜に注入され、対極に移動してキャリアが再結合することで励起子が生まれ、これが拡散して発光する。

　前ページの上図は米コダック社が持っていた基本特許をベースにした構造図だ。現在の有機ELの構造は多重膜層の採用など、複雑になっているが基本的な部分は同じだ。ガラス基板の上にITO (Indium Tin Oxide インジウム・スズ酸化物)の透明電極を陽極として置き、ホール輸送層、発光層、陰極を積層した構造。陽極からホール輸送層にホール(正孔)が注入され、陰極からは発光層に向けて電子が注入される、発光層で電子とホールが結合して発光する。ホール輸送層と発光層には有機化合物を使う。

　もう少しくわしく説明すると、電荷のキャリアは化学的にみるとラジカルオニオン(電子)とラジカルカオチン(ホール)。陰極では有機化合物界面で電子を与えて還元して電子を生成。陽極では有機化合物界面で電子を奪い、酸化してホールを生成する。その電子とホールが発光層で結合したエネルギーが発光層の蛍光体(有機分子)を励起し、それがもとの状態に戻る時に発光してエネルギーを放出するのだ。

■有機ELの基本特許は米コダック社が持つ

　有機蛍光物質によるEL現象は1953年にベルナノーズ(A. Bernanose)が有機染料の交流電場での発光を観測したのが最初といわれている。その頃から日本でも研究が行なわれ、発光表示デバイスとしての可能性を述べた論文も発表され、有機固体材料における電界発光の研究が進んだ。

第3章 有機ELとは！

　だが、無機ELに較べて発光効率が低いなど、性能的に劣っており、本格的な研究は1963年にポープ（M.Pope）やカルマン（H.P.Kallmann）らがアントラセン結晶で直流電場印加による発光を見つけてからになる。10〜20μm厚のアンセラセン結晶に電極をつけて約400Vの直流電圧をかけた時に発光することを確認した。直流電場下での始めての発光である。

　その後、発光の高効率化や低電圧駆動などの研究は続く。1965年にはヘルフリッシュ（W.Helfrish）、シュネイダー（W.G.Schneider）が電子とキャリアを同時に注入することでアントラセン結晶の発光を確認。発光性不純物をドーピングした有機固体結晶ELの研究も行なわれた。だが、この頃の有機固体結晶は数10μmから数mmと

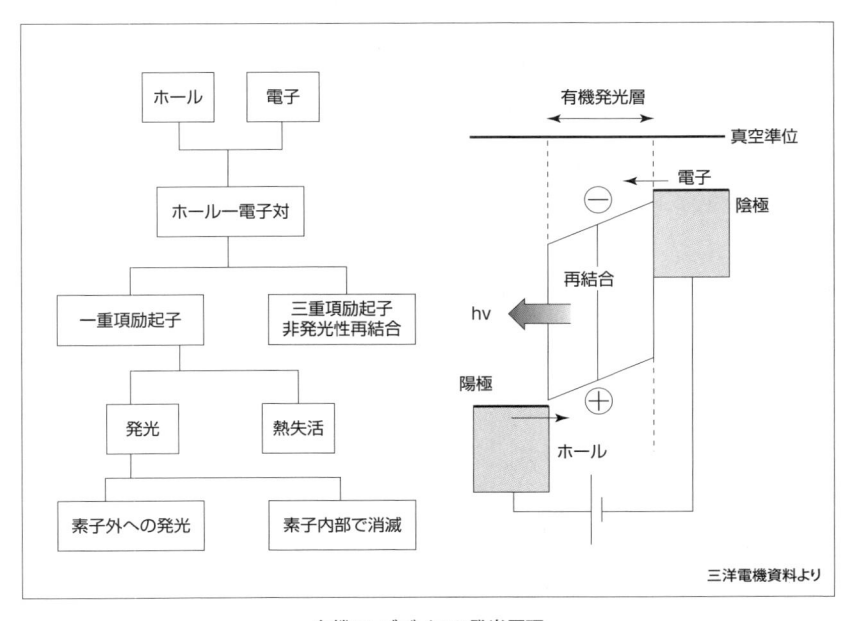

有機ELデバイスの発光原理

厚いこともあり、数100Vの駆動電圧が必要だった。

　大きく進化したのは1980年代に入ってからである。米コダック社のT.C.Tangらが正孔注入層と有機発光層を分けて積層する論文を書き、特許を出願した。

　これが正孔注入層を設けた最初の特許で1982年には積層した厚みが1μm以下で駆動電圧25V以下の低電力で高輝度発光する特許を出している。各層は真空蒸着法による薄膜成形である。低電圧による高輝度発光が可能になったといっても、実際には暗い部屋で一瞬ポアッと光るのが分かる程度だったという。この頃は日本の研究者は有機ELでの発光はできないとあきらめていた状況だった。

　ここまでは正孔注入層と有機発光層の2層構造だったが、米コダック社のT.C.Tangは1987年に正孔注入層と正孔輸送層、発光帯域を兼ねた電子注入輸送層の3層構造の特許を申請した。これで発光効率が上がり、他人に見せられる時間の発光が可能になった。さらにコダック社は1988年に電極のストリップ幅の規定や駆動回路などの特許を得ている。これらの特許を使わないと有機ELが作れないということで基本特許、基本有用特許といわれた。現在はその多くが失効している。

　コダック社ではコピー機の有機感光ドラムや有機の太陽電池などを研究していた。その有機の技術で積層構造にしたら発光するのではないかということだ。ブレイクスルーとなったのは積層構造と陰極にマグネシウム銀を用いたこと、蒸着による均一な厚さの膜を使ったことだ。マグネシウム銀は電子を注入しやすい材料であり、均一な薄膜を形成できる材料としてアルミキノリノール（Alq3）などを使った。これで電子とホールの注入効率を上げることができ、高輝度、高効率を可能とした。1989年には現在の有機ELの基本となっているドーピング法を発表している。

第3章　有機ELとは！

A～Gの別 公報番号 出願日または優先権主張日 出願人	発明の名称および概要
A 特公昭64-7635 80.7.17(優) コダック(米国)	有機エレクトロルミネッセンスセルおよびその製造方法 陽極(12)、ポルフィリン系化合物を含む正孔注入導電層(18)、少なくとも一種の有機発光帯および10^6ボルト/cmの絶縁破壊電圧を有する結合剤を含む発光体層(20)、陰極(22)を積層して構成される有機エレクトロルミネッセンスセル(10)。ポルフィリン化合物として無金属およびCo,Mg,Zn,Pd,Ni,Cu,Pb,Ptを中心金属とするフタロシアニンを記載。 12=陽極 14=ガラス 16=半透明皮膜 18=ポルフィリン系化合物層 20=発光層 22=陰極 26電源
B 特公平6-32307 83.3.25(優) コダック(米国)	改良された電力転換効率をもつ有機EL装置 陽極、正孔注入層、有機発光帯を積層構成した厚さが1μ以下 駆動電圧25V以下、電極のうち少なくとも一方は400nm以上の波長領域で少なくとも80%を透過させることができ、かつ少なくとも6×10⁻⁵W/㎠の転換効率をもつOEL。正孔注入帯に結合剤で可視光線に透明の1,1-ビス-(4-ジーpトラリルアミノフェニル)シクロヘキセンなど芳香族アミンを、また電子伝達化合物に薄膜形成能のある例えば2,5-ビス(5,7-ジ-t-ペンチル-2-ベンゾキサゾリル)-1,3,4-チアゾールのような蛍光増白剤を用いる。
C 特許2597377 87.2.11(優) コダック(米国)	有機発光媒体をもつ電場発光デバイス デバイスの積層構成において、陽極と接するホール注入層にポルフィリン化合物を含め、電子注入輸送体と接するホール輸送層に番芳香族三級アミンを含める、さらに陰極をアルカリ金属以外の複数の金属で構成、その一つは4eV以下の仕事関数を持つ構成とする。このことで動作性が安定される。 102=陽極 104=陰極 106=有機発光媒体 108=ホール注入層 110=ホール輸送層 112=電子注入・輸送層 114外部電源
D 特許2814435 87.3.2(優) コダック(米国)	改良薄膜発光帯をもつ電場発光デバイス 陽極、有機ホール注入・輸送帯、発光帯、陰極から構成されるデバイスにおいて、発光帯がホールおよび電子の両方の注入を持続することができる有機ホスト物質と、ホール・電子再結合に応答してドープされた有機蛍光物質とを含むような厚さ1μm以下のデバイス。 有機ホストとしては、既知のジアリールブタジエン、スチルペンの他、アルミニウムトリオキシン、マグネシウムビスオキシンのような金属キレートをオキシノイド化合物を挙げている。この構成で、起電力の低電圧化、発光の安定性向上、広い波長領域での発光が可能。
E 特許2723242 87.2.11(優) コダック(米国)	カソードを改良した電界発光デバイス 両電極、ホール注入層、輸送層、電子輸送層を形成するデバイスで、陰極としてアルカリ金属以外の複数の金属を含有し、そのうちの一つは仕事関数が4eV未満の金属とすることを特徴とする。これにより電子注入の効率化、従って付加電圧の低減と安定化が図られる。低仕事関数金属として、アルカリ土類、旗族およびアクチニド族から選び、少量添加する第2金属をAl、Ⅲ族Ⅳ～Ⅶ族が良い。
F 特開平2-66873 88.06.27(優) コダック(米国)	電界発光デバイス アノード、アノードに塗布された平面電界発光体、この平面電界発光体被覆されたカソードからなるデバイスで、アノードは400μm未満の間隔を持ったストリップであり、カソードも400μm未満の間隔を持ったストリップである。アノードとカソードは発光層の周囲から相対的に整列されている。
G 特許2729089 88.10.20(優) コダック(米国)	ELストレージデイスプレイ装置 輝度制御回路を備え、以下、(a)-(e)の各要素を含むことを特徴とするELストレージデイスプレイ装置： (a)EL素子(40) (b)前記EL素子(40)に対応して設けられた複数のメモリ素子(22) (c)前記複数のメモリ素子(22)回路接続される電流源(28) (d)前記複数のメモリ素子(22)に対応して同数設けられた電流源(28)からEL素子(40)へ流れる電流を制御する電流制御素子(24) (e)前記EL素子(40)により要求された輝度を表す信号を前記メモリ素子(22)へ供給するための手段。

基本特許リスト　　　　　　　　　　　　　　　特許庁ホームページより

■最初に実用化したのは東北パイオニア

　日本企業も有機 EL の研究を続け、数多くの特許を得ている。しかし、1990 年代は LCD の台頭期であり、有機 EL は研究所レベルでの細々とした研究であった。だが、次世代ディスプレイ技術として注目したメーカーもあった。そのひとつがパイオニアで 1991 年に次世代ディスプレイとはということで小委員会を作り検討した結果、PDP と有機 EL が残った。LCD や無機 EL を開発していたメーカー、素材メーカーも研究開発を進めた。

　その当時は蒸着製法の低分子系であった。研究開発をしても製品化するにはコダック社の基本特許が必要。コダック社に最初に特許の提供を求めてきたのがパイオニアだ。1995 年のことで、パイオニアは実用化の研究を進め、1997 年に世界初の有機 EL を使ったカーオーディオ用ディスプレイを出した（生産は東北パイオニア）。最初はモノカラーだったが、エリアカラーディスプレイが作られ、2000 年にはモトローラの携帯電話にも採用された。1996 年以降、日本、

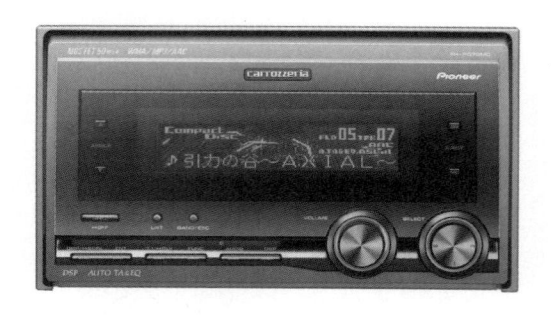

有機 EL カーナビ　FH-P070MD　　パイオニア

第3章　有機ELとは!

米国、台湾、韓国メーカーが続々とコダック社とライセンス契約を結ぶ。

　コダック社は1999年に三洋電機と共同開発契約を結び、その年には2.4型のアクティブマトリクス型フルカラー有機ELパネルの開発に成功している。2000年には5.5型のフルカラーパネルを発表。有機ELが話題になったのは2001年のCEATECだ。三洋電機が大々的に展示しただけでなく、パイオニアもフルカラーやウェラブルを展示、ソニーは13型を出し、東芝も参入。東芝は2002年には17型を試作している。サムスンは15.1型。2002年にはNECの携帯電話が有機ELパネルを採用した。これらは低分子系である。

　高分子系は1990年に導電性ポリマーで有機EL現象が起きることが分かり研究開発が始まった。コダックの低分子系と2系統になったのだ。有機ELには低分子系と高分子系があるが、ディスプレイとしてはドライブ回路や基板などで共通する部分があり、そこにLCDで蓄積したTFTやドライブ回路技術を加えて開発のスピードが上がっている。高分子の基本特許は英国のCDT（ケンブリッジ　ディスプレイ　テクノロジー）社が持つ。

「Display 2007」に出展されたソニーの有機 EL テレビ

第4章

有機ELの基本構造と原理

■シンプル構造と極薄薄膜
■イメージは太陽電池の逆動作!
■有機ELの素子構造
■有機ELの発光材料
■有機ELの構成材料とプロセス
■低分子系と高分子系

■シンプル構造と極薄薄膜

　有機ELの原理や構造はシンプル。次世代ディスプレイとして注目されているのも、自発光ということと構造のシンプルさのためだ。シンプルならすぐにでも実用化できそうだが、シンプルゆえに開発が難しかった面もある。また、有機ELは化学の世界という面が強い。薄膜を形成でき、成膜後に結晶が析出しない発光材料探しで難行してきたのだ。
　低分子型と高分子型があるが、この章では低分子型を中心にやさしく構造と方式を説明する。現在は駆動方式などで複雑な構造になり発光材料も進化しているが、基本は同じである。
　低分子型の構造は米コダック社の基本特許がベースとなっている。

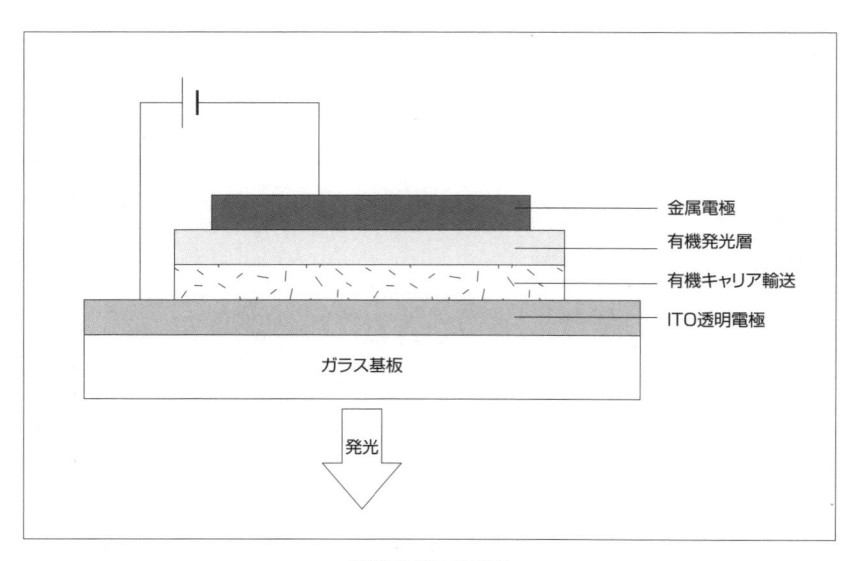

有機EL素子の構造

第4章　有機ELの基本構造と原理

　現在はその基本特許のほとんどが失効しており、コダック社とライセンス契約しなくても製造が可能。だが、多くのメーカーはコダック社と契約している。基本構造は実にシンプル。電極の間に有機発光層と有機キャリア輸送層を挟んだだけだ。つまりサンドイッチ状の構造でこれはヘテロ構造と呼ばれる。

　図では発光層が厚く見えるが、実際には有機ELの薄膜は100nm（ナノメートル）程度でまさに極薄。陽極（アノード）と陰極（カソード）を含めても紙よりも薄い。ガラス基板は液晶用の0.7mm厚を使うことが多いようだが、プラスチック基板を使えば曲げることができるフレキシブルディスプレイになる。

　ではその薄膜の中でどのようなことが起き、発光するのか。陽極

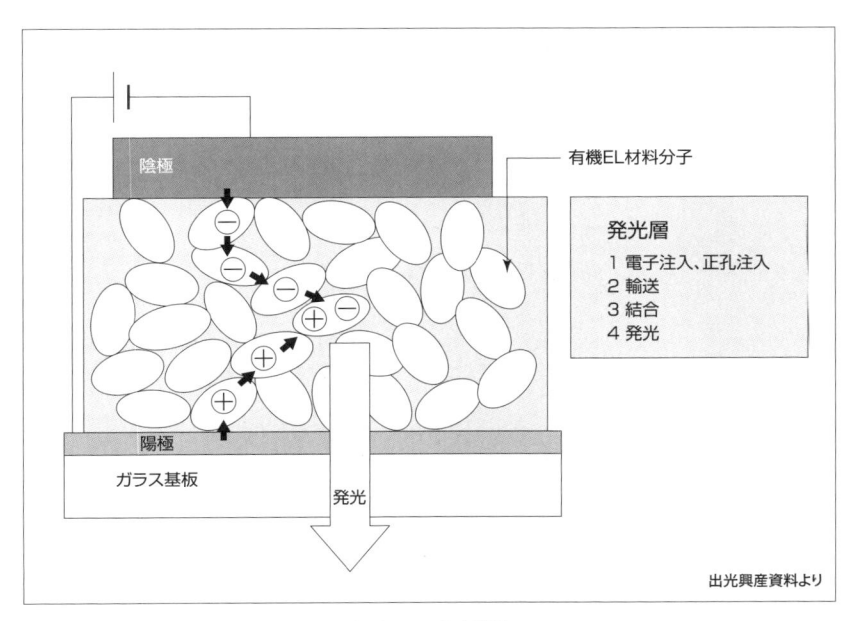

```
発光層
1 電子注入、正孔注入
2 輸送
3 結合
4 発光
```

出光興産資料より

有機ELの発光機構

と陰極に電流を流すと陽極からは正孔(+)が、陰極からは電子(−)が放出され、有機発光層で結合して結合の時のエネルギーが周りの有機成分を刺激して励起させる。その励起状態から基底状態に戻る時に光(フォトン)を放出する。

同じ自発光ディスプレイでも、ブラウン管は電子銃から電子ビームを飛ばして蛍光体に当てて発光する。FEDやSEDも同じだ。PDPは蛍光灯のように紫外線を出して、その紫外線が蛍光体に当って発光する。発光の仕組みは異なる。

■イメージは太陽電池の逆動作!

有機ELでは陽極と陰極に電流を加えると、陰極からはマイナスの電子が有機発光層に向けて出る。陽極からはプラスの電子がでる

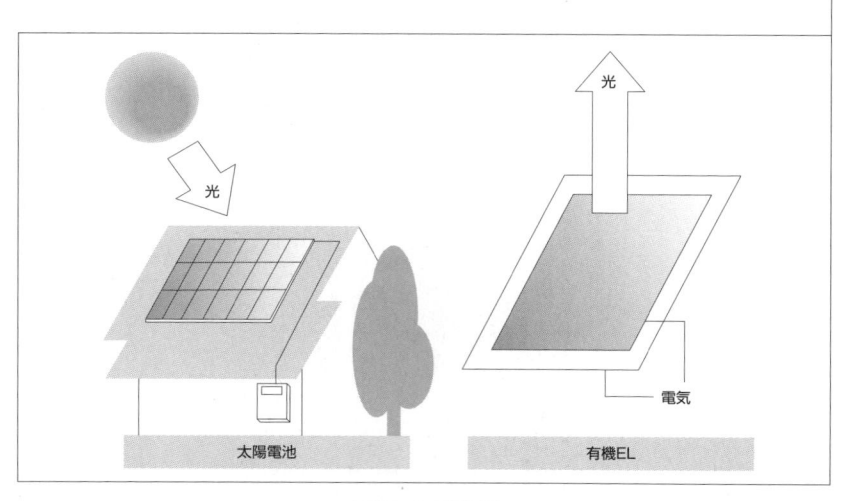

有機ELと太陽電池

第4章 有機ELの基本構造と原理

が、プラスの電子が抜け出した部分は正の電荷を帯びたように振る舞うので正孔（ホール）と呼び、電子と同じように電流を運ぶ。電子とホールはマイナスとプラスの電荷を持ち、それが発光層で再結合した時に発光層のホスト分子にエネルギーを与えて発光層の蛍光体を刺激（励起）する。刺激された蛍光体が落ち着く時に光を出す。陰極からマイナスの電子が、陽極からプラスのホールが発光層に飛び出し、再結合して基底状態に戻る時に発光するということだ。

　有機ELの歴史ではコダック社のC.W.Tangを外すことはできない。Tangは有機素子による太陽光発電の研究をしていた。太陽電池は光から電気を生み出す。その実験の中で素子に逆に電流を流したらと試したら発光した。水は電気分解で水素と酸素に分かれる。逆に水素と酸素で電気を生み出すのが燃料電池だ。有機ELも同じで太陽電池の逆の作用を利用していると考えるとイメージ的に分かり

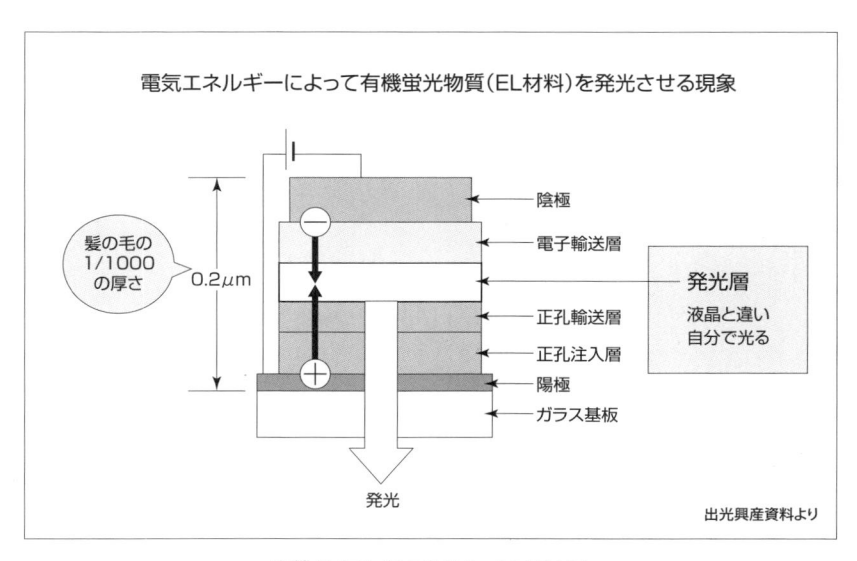

電気エネルギーによって有機蛍光物質（EL材料）を発光させる現象

髪の毛の1/1000の厚さ　0.2μm

陰極
電子輸送層
発光層（液晶と違い自分で光る）
正孔輸送層
正孔注入層
陽極
ガラス基板

発光

出光興産資料より

有機EL（エレクトロルミネッセンス）とは

やすい。有機層で光から電気を生み出せるなら、逆に電気を流して光を出せるのではないかということである。ただし、あくまでイメージである。

　ELデバイスには無機ELと有機ELがある。無機ELは電圧動作型で高輝度発光のためには数100Vといった高い電圧をかけなければならない。有機ELは電流動作型なので、数Vの低い電圧で発光する。だが、低電圧で高輝度を得るのは難しく、現在のような高輝度化は膜厚を数100nmレベルと薄くしたことと、特性の異なる有機層を積層して電子とホール輸送の機能を分け、電流密度を高めたことによる。

■有機ELの素子構造

　現在の液晶パネルは約4mmの厚さを持つが、有機ELパネルはガラス基板でもその半分以下だ。薄いフィルム基板に代えればさらなる薄型化が可能。何といっても自発光でバックライトの必要がないのがメリットだ。フィルム基板なら折り曲げることができるディスプレイやウェラブルが可能になる。

　その薄膜はどうなっているのだろうか。積層構造の有機EL素子でもガラス基板を除けば、厚みは約$0.2\mu m$（200nm）で髪の毛の約1000分の1の厚みしかない。実際には密封のための封止缶などが加わるが、それでも超がつくほどの薄膜である。

　図からも分かるように、有機ELは発光層を電極でサンドイッチしたヘテロ構造である。片側の電極には透明なITO（インジウム・スズ酸化物）が使われ、こちら側から光を取り出す。基板は一般的にはガラスが用いられている。フィルムを使うとフレキシブルな素子が

第4章　有機ELの基本構造と原理

作れるが、有機層は湿気や酸素に弱いので、これらの封止が課題となっている。

　陽極となるITO電極は真空蒸着やスパッタリングで作成され、有機層は低分子系の場合は蒸着で、高分子系はスピンコーティングやインクジェット方式などで塗布される。背面電極の陰極にはマグネシウムやリチウム・アルミニウムを使う。有機層は0.1μm（100nm）程度の厚みしかない。きわめて薄いために、ピンホールのない均一な薄膜を作ることが要求される。

　現在実用化している有機ELの多くは積層構造であるが、有機ELには1層型、2層型、3層型などがある。フルカラー化や高効率化

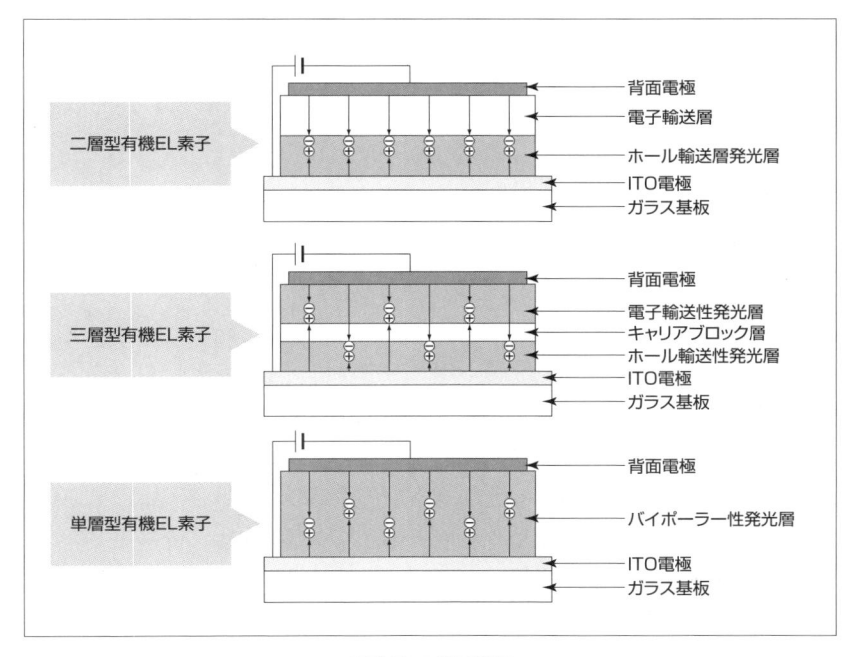

有機ELの素子構造

のためにはさらに多くの層を蒸着や塗布で形成しなければならない。有機ELは発光層に電子とホールのキャリアを注入し、再結合させることで発光層を励起して光を出す。電子とホールの注入バランスが重要なのだ。

2層型ではホール輸送性発光層を使うことで、陰極からの電子を発光層に閉じ込め、再結合効率を上げるようにしている。3層構造はキャリアブロック層を電子輸送層とホール輸送層の間に入れることでキャリア輸送と発光を分離して別々に機能させている。この方法は上下の発光層が別々に発光するので発光色の混合も可能だ。

1層型は電子とホール共に輸送するバイポーラ性発光層を使ったもので、高効率な発光材料が見つかればシンプルな単層型素子が可能となる。

■有機ELの発光材料

有機ELの歴史は発光材料さがしの歴史でもあった。有機ELではガラス基板や電極のほかに発光材料、キャリア輸送材料、キャリア注入材料が必要。それぞれが重要だが、ポイントとなる発光効率、色純度、寿命を満足する発光材料は少ない。発光材料には低分子蛍光色素、蛍光性の高分子蛍光色素、金属錯体などが使われるが、次の3つの条件を満たさなければならない。

1 電界を加えた時に陽極側からホールを、陰極側から電子を注入できる。
2 注入された電荷を移動させて、ホールと電子が再結合する場を作る。
3 発光効率が高い。

これらは基本条件であって、有機ELパネルを作るにおいては真空蒸着の条件、材料作成の条件、素子化の条件などが加わる。つまり、

第4章　有機ELの基本構造と原理

```
素子構造面 ─┬─① 積層構造（機能分離）
            ├─② 薄膜化
            └─③ 色素ドーピング
```

色素ドーピング法

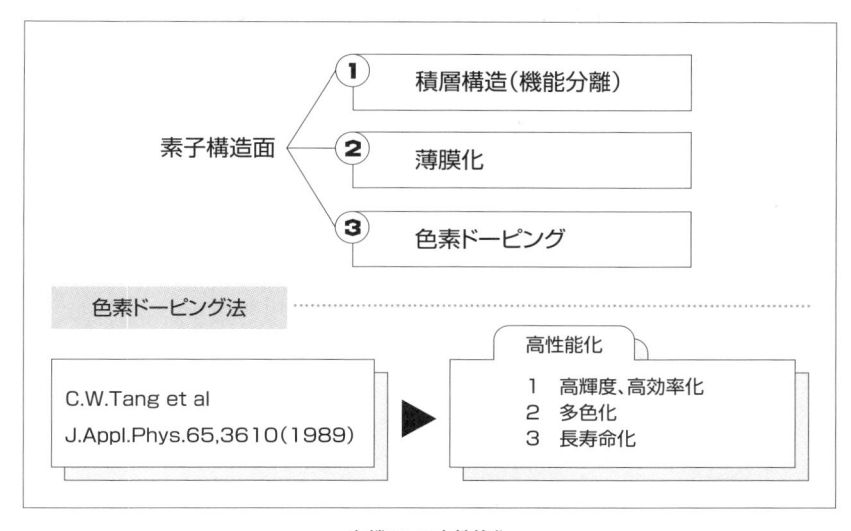

C.W.Tang et al
J.Appl.Phys.65,3610(1989)
▶
高性能化
1　高輝度、高効率化
2　多色化
3　長寿命化

有機ELの高性能化

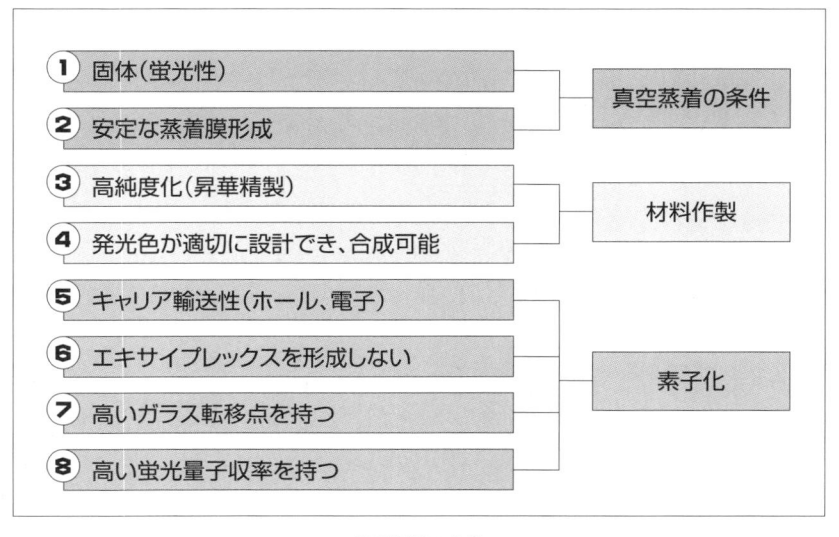

- ① 固体（蛍光性） ─┐
- ② 安定な蒸着膜形成 ─┘ 真空蒸着の条件
- ③ 高純度化（昇華精製） ─┐
- ④ 発光色が適切に設計でき、合成可能 ─┘ 材料作製
- ⑤ キャリア輸送性（ホール、電子） ─┐
- ⑥ エキサイプレックスを形成しない ─┤
- ⑦ 高いガラス転移点を持つ ─┤ 素子化
- ⑧ 高い蛍光量子収率を持つ ─┘

発光材料の条件

三洋電機資料より

固体の状態で量子収率が高く、成膜性に優れ、キャリア輸送性も求められるということだ。

低分子系の発光材料としてはトリス（8－キノリノラト）アルミニウム錯体（Alg）やビス（ベンゾキノリノラト）ベリリウム錯体（BeBq）が緑色の発光材料として、青色はジトルイルビニルビフェニル（DTVBi）などがある。低分子系材料では緑色の開発が進んでおり、早い時期に出光興産が高効率で長寿命の材料を開発した。課題となっていたのは赤色材料だが、ドーピング法を用いた材料が開発されている。

ここ数年の材料の開発は目覚ましく、実にきれいなフルカラー表示ができるようになっており、発光効率も高まっている。最初に高

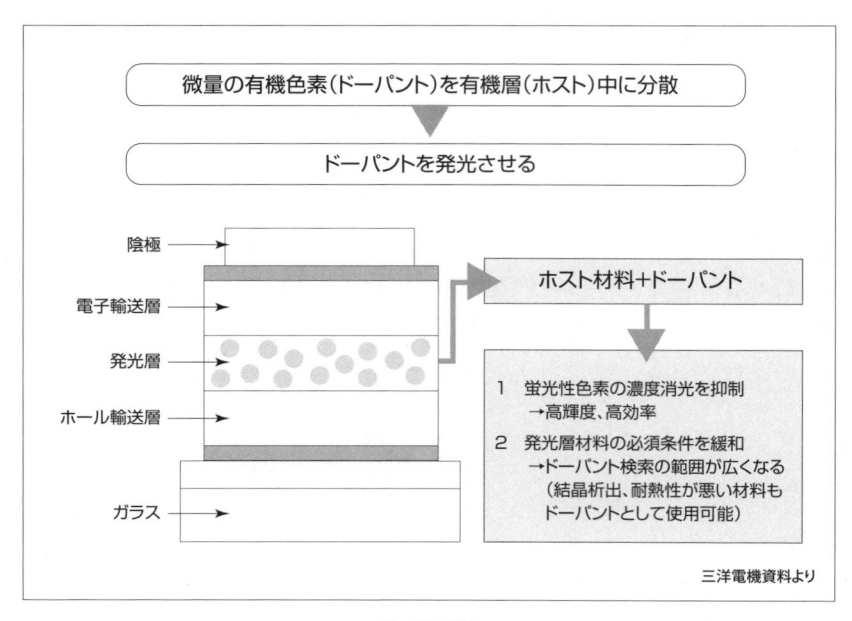

ドーピング法

第4章 有機ELの基本構造と原理

画質、高効率化を可能としたのが色素ドーピング法の開発である。これもコダック社のTangが1989年に特許を申請している。ドーピング法というのは1％、あるいはそれ以下の微量の有機色素（ドーパント）を有機層（ホスト）の中に分散させ、ドーパントを発光させる手法である。色素ドーピング法ではドーピングする有機色素によって発光効率や発光波長が変化する。寿命の改善にもつながる。

有機ELには高分子系もある。これはCDT（ケンブリッジ・ディスプレイ・テクノロジー）社が基本特許を持つこともあって欧米で開発が進んでいる。日本ではセイコーエプソンやTMD、大日本印刷などが取り組んでいる。高分子系の層もホール輸送性や電子輸送性を持つものなど色々な材料が合成されている。高分子系は有機層の形成に真空蒸着が不要で、塗布で形成できる。ディスプレイの大型化に有利な方式である。

■有機ELの構成材料とプロセス

有機ELはガラス基板に各種の材料が積層された構造を持つ。素子は有機溶剤だけでなく、水分などの影響を受ける。そのため、保護膜や封止材、封止缶なども必要だ。基本的な構造でもガラス基板の上に陽極、ホール輸送層、発光層、電子輸送層、陰極を積層しなければならない。カラー有機ELでは方式により色変換層やカラーフィルターもいる。

ガラス基板にはまず陽極を形成する。陽極には金属酸化膜の透明電極ITOが使われる。これは透明で導電性を持つ材料で、真空蒸着やスパッタリングで形成。この上に有機膜を積層するので厚さにバラツキがあってはならない。ITO膜を使うのは透明であるために、

この膜を通して光を取り出せるためであるが、ソニーはトップエミッション構造で基板上部から光を取り出す方式を採用している。

　陰極には一般的にマグネシウムやリチウムを1％程度添加したアルミニウムが使われる。水分の影響をうけるのはこの陰極。水分は陰極を酸化、劣化させる。この陰極を有機材料を成膜した層にダメージを与えないように、微細にパターニングしなければならない。この技術が難しかったが、陰極パターニングをあらかじめガラス基板に形成する方法が開発されている。

　発光層には有機化合物が使われ、低分子系と高分子系がある。発光層は薄すぎると輝度が得られず、厚いと発光を遮る。有機ELの発光層は100nm(0.1μm)程度の厚みでアルミキノリノール錯体(Alq3)などのホスト材料に蛍光剤をドーピングしたスタイルとなっている。ホール輸送層や電子輸送層も重要でホール輸送層には芳香属アミン

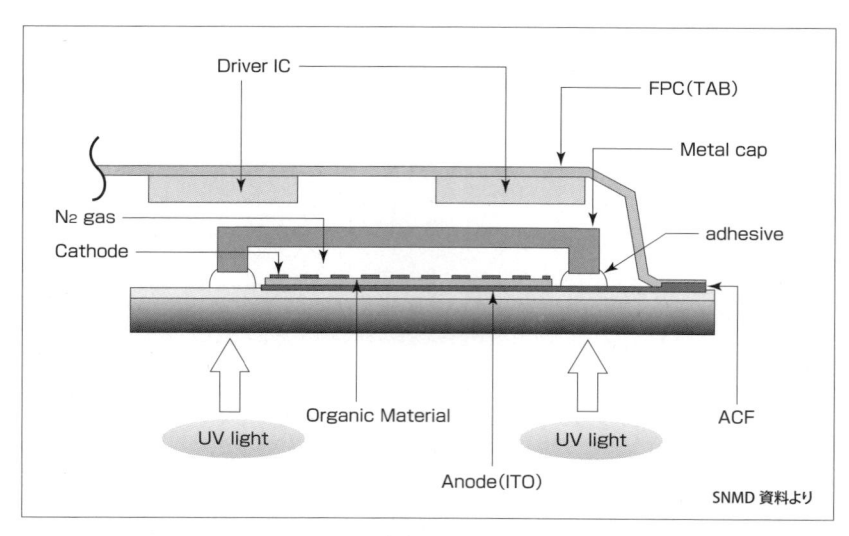

デバイス構造

第4章 有機ELの基本構造と原理

(a) 正孔注入材料　CuPC
(b) 正孔輸送材料　α-NPD
(c) 発光材料(緑)，電子輸送材料　Alq_3
(d) 発光材料(青)　DPVB
(e) 発光ドーパント(緑)　Qd
(f) 発光ドーパント(赤)　DCJTB

低分子材料の構造

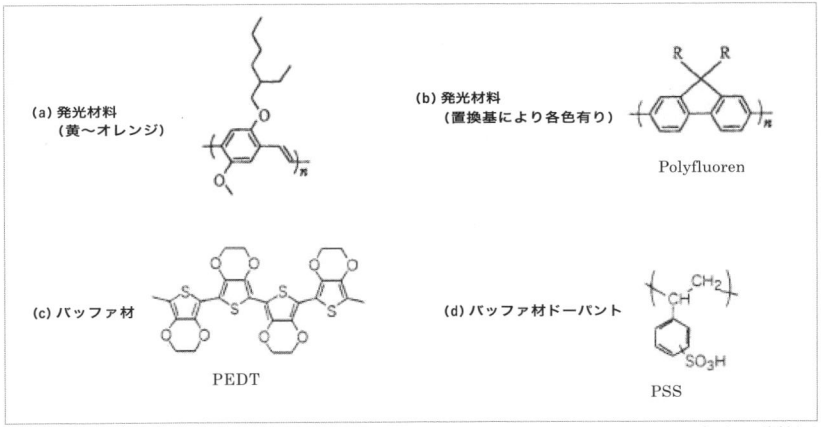

(a) 発光材料(黄～オレンジ)
(b) 発光材料(置換基により各色有り)　Polyfluoren
(c) バッファ材　PEDT
(d) バッファ材ドーパント　PSS

高分子材料の構造

パイオニア資料より

誘導体が使われ、電子輸送層には1.3.4-オキサジアゾール誘導体や1.2.4.-トリアゾール誘導体が使われている。これらの注入層や輸送層も有機化合物だ。

　有機化合物は無機化合物に較べて特性的に有利な面が多いが、耐光性、耐熱性、酸素や水分に弱いという弱点がある。有機膜は真空中で蒸着して膜を形成した後、酸素や湿気を防ぐために封止する。封止法にはいろいろあるが、現在は封止缶や樹脂が使われている。

■低分子系と高分子系

　有機ELは有機材料により、低分子系と高分子系に分かれる。両者を組み合わせたハイブリッド型もある。現在量産されてる有機ELはほとんどが低分子系である。低分子系と高分子系も発光のシステムは同じである。ではどこが違うかというと、有機材料の特性が異

17型XGAワイド　　東芝松下ディスプレイテクノロジー

第4章 有機ELの基本構造と原理

なるために、薄膜の形成、つまり製造方法が違う。

　有機ELでの発光、それも高効率発光を確認したコダック社のパネルは低分子有機系を使ったものであり、ここが基本的な技術を確立したため、その後の有機ELは低分子系がメインとなっている。低分子系は有機薄膜を形成するのに真空蒸着法を使う。蒸着は確立された技術だが、製造設備やコストから大型化には向かないといわれる。

　高分子系の特長は材料をインク化できることである。スピンコーティングや印刷、インクジェット法などで薄膜を作ることができる。低分子系に不可欠な真空蒸着装置は不要で家庭用プリンターなどに使っているインクジェット法が使えるのは有利だが、家庭用プリンターよりも精密なプリント技術が必要だ。

　低分子はドライプロセス、高分子はウェットプロセスと分けることができる。ウェットプロセスの高分子系の方がドライプロセスの低分子系よりも作りやすいといわれるが、だが有機材料は水分に弱いため、そう簡単ではない。将来の大画面化には高分子系が有利だが、小型パネルでは低分子系の方が作りやすい。

　もう少し詳しく説明すると、低分子系有機ELは材料を真空チャンバー内にセットして加熱して昇華、蒸発させて基板上に成膜する。この真空蒸着法は有機膜の多層化が簡単にできる。具体的には発光材料、キャリア輸送材料、キャリア阻止材料などを好みの構成や厚さで成膜することができる。低分子有機EL材料多くのメーカーが新しい材料を開発している。年々進化しているのだ。

　赤、青、緑の3原色だけでなく、黄、橙、白などの発光材料も開発され。効率も理論限界に近い値にまでなっている。寿命は輝度によって変わるが初期輝度 $100cd/m^2$ では1万時間以上。モバイル機器には十分な寿命となっている。

高分子材料は溶液を使って発光層を印刷などで塗布して成膜することが可能。塗布型のために基本的には単層膜になる。発光材料としてはPPV(poly p-phenylene vinylene)系、Polyflourene系が主流。効率や寿命なども緑、黄、橙、赤では低分子系に匹敵する値を示しているが、青に課題が残っており、青色材料の開発が積極的に進められている。

　量産や実用化では低分子系が先行しているが、フルカラー、大画面時代になると高分子系が有利という声もある。

低分子系でも大型化が可能　　ソニー

第5章

フルカラー化と駆動方式

- ■モノカラーからフルカラーへ
- ■カラー化方式は3種類
- ■3色独立画素方式
- ■色変換方式
- ■カラーフィルター方式
- ■駆動方式はパッシブ型とアクティブ型

■ モノカラーからフルカラーへ

　有機 EL が最初に市場導入されたのは 1997 年。パイオニアがカーオーディオ用に子会社の東北パイオニア製の緑単色ドットマトリクスディプレイを採用した。1999 年には 4 色エリアカラーパネルをカーオーディオに搭載。2000 年にはモトローラ社製携帯電話のディスプレイに採用された。同じ 2000 年には TDK の白色モノカラーディスプレイがアルパインのカーオーディオに搭載されている。

　出発がモノカラーなのは LCD や PDP も同じだ。モノカラーというのは緑など特定の色での発光で、エリアカラーは部分的に有機発光層を使い分けて複数の色を発光させるものである。カーオーディオや携帯電話、案内表示板などモノカラー、エリアカラーの用途も

DEH-P810　　パイオニア

有機 EL 搭載カーオーディオ KD-SHX929
日本ビクター

SH-902iS　　シャープ

第5章　フルカラー化と駆動方式

多く、この方式の開発は現在も積極的だ。有機 EL を使った照明もそのひとつだ。

　フルカラー化には発光材料の進化が必要だった。最初は緑の発光材料だったが、次に高効率で長寿命の青が開発された。赤が残っていたが、2002年頃にリン光が使われるようになり、フルカラーパネルが登場した。パッシブマトリクス方式ではなく、アクティブマトリクス方式が実用化したのもこの頃で2003年にコダックと三洋電機が出荷を始めた。

　フルカラーというのは一般的に3原色の各色256階調、1677万色以上の表示であるが、RGB の3色表示ができるデバイスもフルカラーと呼ぶことが多い。

■カラー化方式は3種類

　有機 EL はモノカラーからスタートしたが、ディスプレイとしてはやはりフルカラー表示をしたい。有機 EL のフルカラー表示方式には3色独立画素方式（3色発光法、RGB 独立塗り分け方式）、色変換方式、カラーフィルター方式の3つの方式がある。メーカーや技術者、研究者により呼称が異なることがあるが、基本的にはこの3方式である。それぞれ発光層の作り方やカラー化の方法が異なる。複数の方式を採用するメーカーもある。

　3色独立画素方式でフルカラー表示をするには、RGB の画素を数100μm 程度の微細なピッチで正確に基板上に配置しなければならない。LCD や PDP と同じだ。この方式は RGB の発光をそのまま使えるために光の利用効率は高いが、RGB の画素に異なった発光層を蒸着形成するのが難しい。低分子系では塗布用の金属マスクの変形な

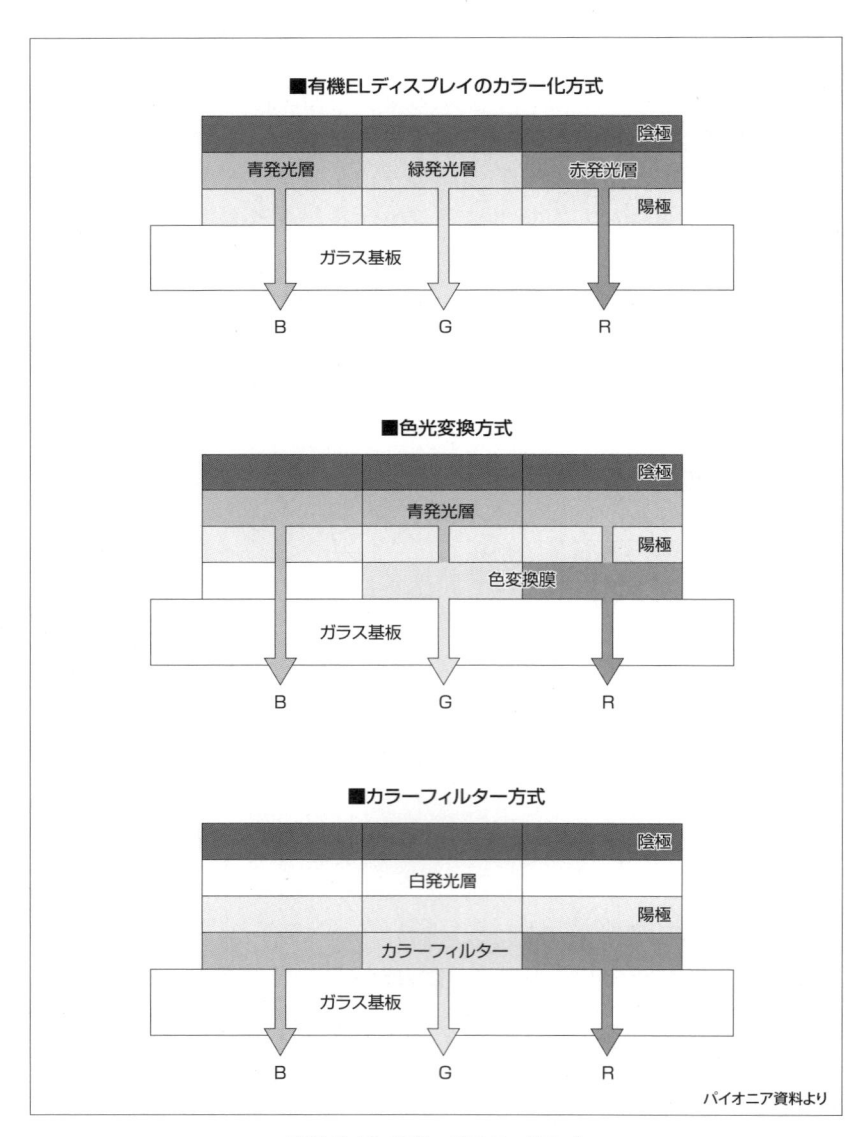

■有機ELディスプレイのカラー化方式

	陰極	
青発光層	緑発光層	赤発光層
		陽極

ガラス基板

B　G　R

■色光変換方式

	陰極
青発光層	
	陽極
色変換膜	

ガラス基板

B　G　R

■カラーフィルター方式

	陰極
白発光層	
	陽極
カラーフィルター	

ガラス基板

B　G　R

パイオニア資料より

有機 EL ディスプレイのカラー化方式

どが起きやすく、大画面化するほど難しいといわれる。高分子系は印刷で RGB の発光層を塗布する。大画面化に適した方式である。

色変換方式は出光興産と富士電機が取り組んでいる方式で CCM (Color Change Media) 方式や青色 EL 色変換方式ともいう。パネル全面に青色有機層を作り、青色発光させる。青色有機 EL 材料は実用化している。その青色を色変換層を通して RGB の 3 原色として取り出すというものだ。青色の単色発光のために経年変化による輝度劣化が均等で色温度のずれは少ない。だが色変換層を通すために光の利用効率は低くなる。

もうひとつは TDK などが採用しているカラーフィルター方式だ。白色有機 EL 素子を使い、RGB のカラーフィルターでフルカラー表示を行なう。LCD に似た方式で、カラーフィルターによる光のロスが生じる。色変換方式とカラーフィルター方式は RGB の発光層を微細なパターニングで形成する必要がないので高精細化に有利といわれる。また、画面サイズや用途によっても、それぞれの方式の特徴が活かされる。3 色独立画素方式が主流とはいえ、ベストというわけではない。

■3 色独立画素方式

　CRT や PDP は画素ごとに塗布された RGB の蛍光体を電子ビームや紫外線で励起させて発光させる。同じ考え方を使ったのが 3 色独立画素方式（3 色塗り分け方式）だ。RGB の画素を発光させてフルカラー表示する。この方式は独立した発光層を使うために、色純度が高く、発光層から直接に光を取り出すため発光効率に優れるのがメ

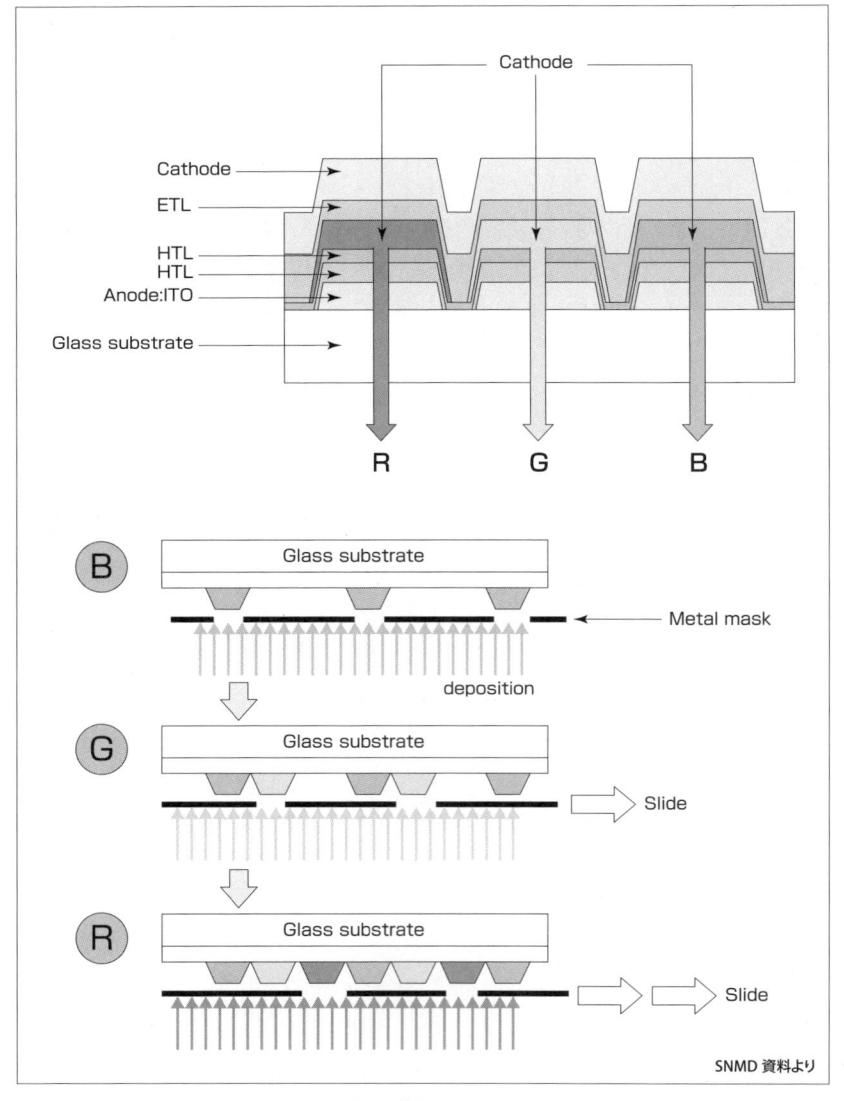

3色独立画素方式の仕組みと蒸着プロセス

第5章　フルカラー化と駆動方式

リットだ。原理的に高効率が得られるのが主流になっている理由である。

　低分子系は発光層を蒸着で形成するが、微細なRGBの膜を形成しなければならない。このパターニングではメタルマスク（シャドーマスク）を使い、画素ごとにずらしながらRGB層を蒸着する。この微細なパターンを持つメタルマスクを作るのが難しい。メタルマスクのパターンが崩れていると正確な蒸着ができないし、RGBのバランスにも影響する。メタルマスクの製造には電解メッキ法が使われているが、この方法だとスリット幅とマスクの厚みを1対1にしなければならないということもある。

　メタルマスクを使う方法は小型パネルには対応できるが、大型化するとメタルマスクの変形などが発生し、機械的な位置精度やたわみの発生など、画素の位置に正確に合わせるパターン合わせが難しくなる。実験室や試作レベルでは対応できても、量産が難しいのはこの辺に起因している。だが、基板の大型化に対応する量産技術の確立は進められている。

　高分子系はインクジェットでの塗布が可能で、インク材料やインクの着弾位置の高精度化が図られ、膜厚の均一性やインクの高純度化などで量産技術の確立を図っている。

　3色独立画素方式（塗り分け法）ではRGBの3色の発光材料の発光効率や劣化特性、寿命が輝度バランスに影響する。RGBが均一に劣化すればいいが、特定の色の劣化が早いとカラーバランスが変わってしまうのだ。

　また、発光効率は高いが、アルミの陰極が見えてしまい、明るい場所でのコントラストが得ずらい。そこでアルミに当って反射して出てくる光を波長を変えて打ち消す円偏光フィルターを加えている。これにより発光効率は約半分に下がる。効率面でも有利とはいいき

れないが、リン光材料などの発光効率の高い材料を使うことで輝度とコントラストはカバーできる。

■色変換方式

　色変換方式は青色または白色有機EL素子と色変換層を組み合わせた方式で、出光興産がベーシックな特許を持つCCM（Color Change Media）方式が代表だ。青色の単色で発光させ、それを色変換層を通してRGBのフルカラーを得るというもの。富士電機など数社が開発を進めている。3色独立画素方式は製造が難しいこともあって、製造プロセスが簡略化できる方式として評価されている。

　CCMは有機EL発光層とカラー化の部分を分けているため、発光層は膜厚さえ管理できればベタ成形でいい。その上に色変換層をつける。色変換層はカラーフィルターと異なり、波長変換をする有機薄膜層である。青色の可視光をRGBの3原色に波長変換する。有機発光層と有機色変換層で構成される。色変換層は透過性媒体に何種かの蛍光色素を分散させたもので、色変換層は一般的なフォトプロセスで形成できる。その上に陽極積層有機膜、陰極が形成される。

　色変換層は色素の光吸収及び発光における低波長側の光を高波長側にシフトさせるストークスシフト法則を利用したものだ。発光した光を吸収することで励起子が作られ、そのエネルギーの移動と発光により波長変換が起きる。この方式により無い色を作り出すことができる。実際には色純度を高めるために、赤と緑に色調整フィルターを組み合わせている。

　カラーフィルター方式のフィルターは不要な波長をカットするだけだが、色変換方式は波長変換のために効率を上げることができる。

第5章　フルカラー化と駆動方式

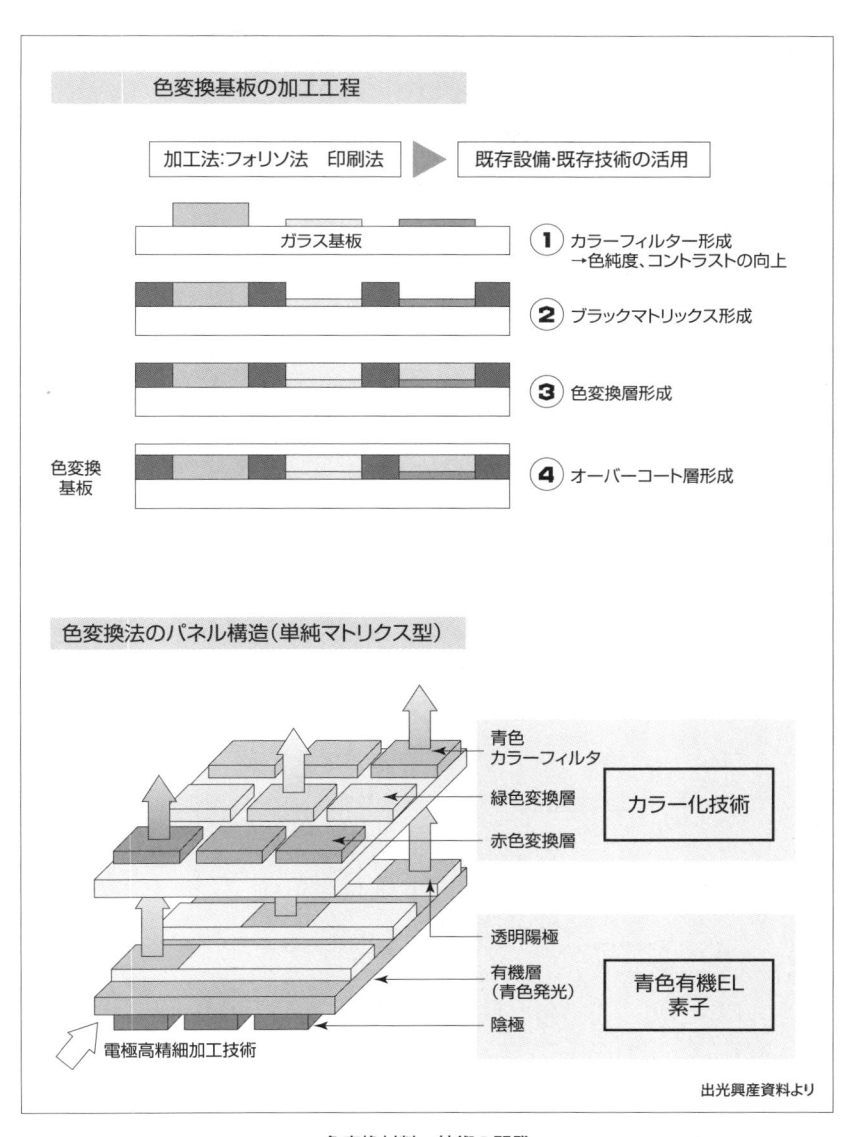

色変換基板の加工工程

加工法:フォリソ法　印刷法　▶　既存設備・既存技術の活用

ガラス基板

① カラーフィルター形成
　→色純度、コントラストの向上

② ブラックマトリックス形成

③ 色変換層形成

④ オーバーコート層形成

色変換基板

色変換法のパネル構造（単純マトリクス型）

- 青色カラーフィルタ
- 緑色変換層
- 赤色変換層
- 透明陽極
- 有機層（青色発光）
- 陰極

カラー化技術

青色有機EL素子

電極高精細加工技術

出光興産資料より

色変換材料・技術の開発

カラーフィルターも使っているが、これにより外光による励起をカットでき、コントラストが上がるというメリットがある。円偏光フィルターは不要だ。また、この方式は超小型のマイクロデバイスに対応でき、フォトプロセスなので微細な色変換層を形成することもできる。ソニーが採用したトップエミッション方式などとも組み合わせることができる。課題は青から赤への変換効率だ。

■カラーフィルター方式

　カラーフィルター方式は白色有機EL素子を光源にしてカラーフィルターでRGBを出す方式だ。1995年からTDKが取り組んできたが、最近はこの方式を採用するメーカーが増えている。色変換方式との

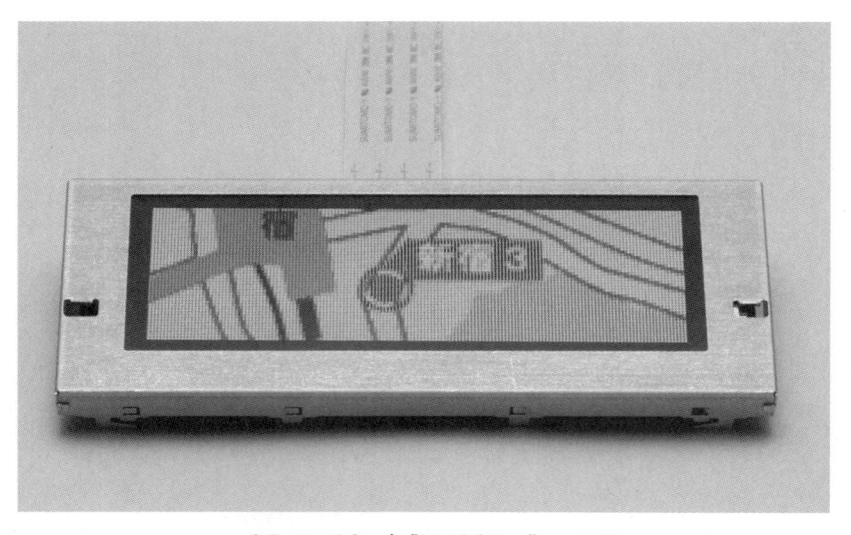

カラーフィルター方式でフルカラー化　　TDK

違いは色変換層を使うか、カラーフィルターを使うかである。
　カラーフィルターは LCD で使われており、技術的に確立している。白色の有機発光層にカラーフィルターを形成するだけでフルカラー化が可能。TDK は量産を始めている。カラーフィルターにより効率が落ちてしまうので、高効率な白色発光有機層が必要だが、効率を上げると寿命に影響する。またテレビに使えるような色純度の高いフルカラー化が難しいことなどがあるが、簡単なプロセスでフルカラー化でき、用途によってはメリットが大きい方式。画質と寿命については改善が図られている。
　TDK が最初に採用したのはカーオーディオ用のディスプレイ。カーオーディオでは色純度よりも、有機 EL の自発光による輝度の高さや視野角の広さなどが有利になる。また、LCD と較べると有機 EL は温度特性に優れ、高精細化も進んでいる。この方式は製造プロセスがシンプルなだけにコスト的にも有利だ。TDK は白色を黄と青を同時に出して得ている。大画面でのフルカラーが比較的簡単にできる方式で高精細化にも対応できる。

■駆動方式はパッシブ型とアクティブ型

　有機 EL の駆動方式には LCD と同じようにパッシブマトリクス方式とアクティブマトリクス方式がある。パッシブマトリクス方式は単純マトリクス方式とも呼ぶ。現在実用化している有機 EL の多くはパッシブマトリクス方式だが、小型パネルでもアクティブマトリクス方式を採用したものも現れた。大画面化やテレビとして使うにはアクティブマトリクス化が必要だ。
　パッシブ型は陽極とそれに直交する形の陰極の間に有機層をサン

パッシブマトリクス

- 陰極
- 陽極（ITO）
- 有機EL素子（画素）
- 表示部
- Row
- Column1　Column2
- 外付け駆動IC（TCPまたはCOG実装）

アクティブマトリクス

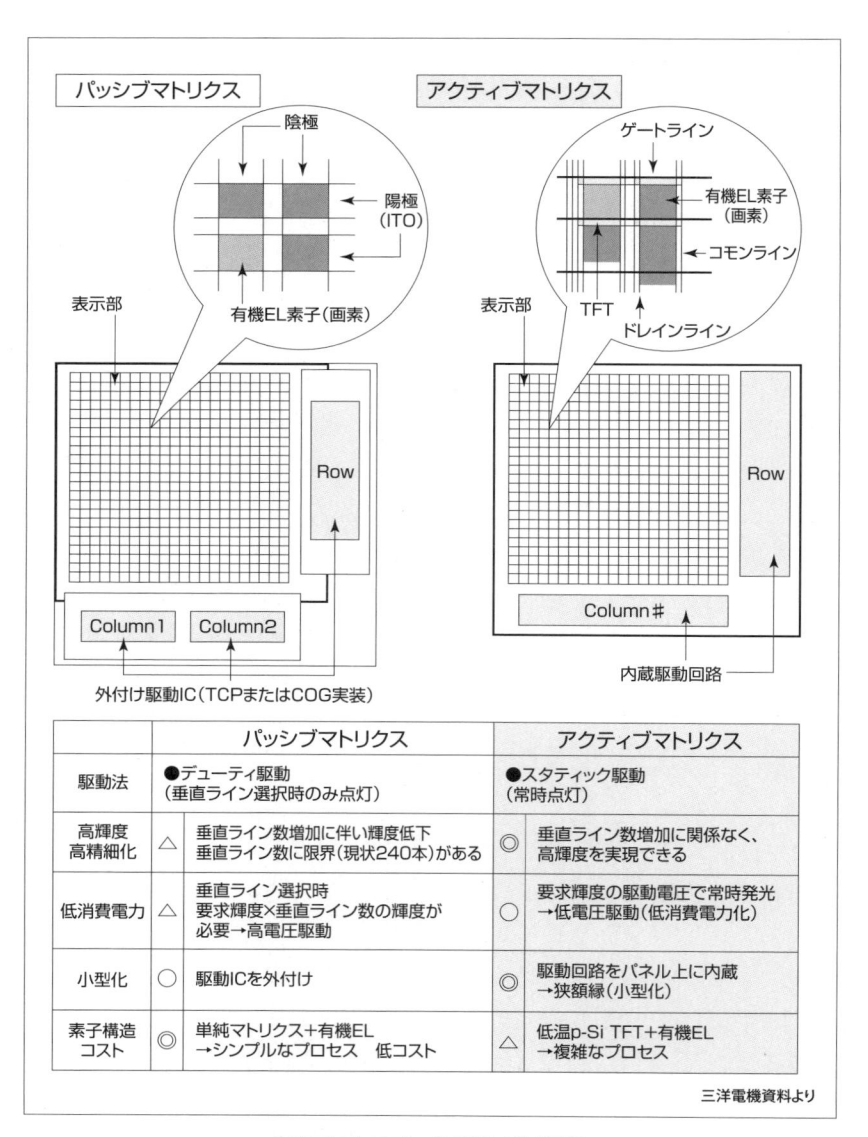

- ゲートライン
- 有機EL素子（画素）
- コモンライン
- TFT
- ドレインライン
- 表示部
- Row
- Column#
- 内蔵駆動回路

	パッシブマトリクス		アクティブマトリクス	
駆動法	●デューティ駆動 （垂直ライン選択時のみ点灯）		●スタティック駆動 （常時点灯）	
高輝度 高精細化	△	垂直ライン数増加に伴い輝度低下 垂直ライン数に限界（現状240本）がある	◎	垂直ライン数増加に関係なく、 高輝度を実現できる
低消費電力	△	垂直ライン選択時 要求輝度×垂直ライン数の輝度が 必要→高電圧駆動	○	要求輝度の駆動電圧で常時発光 →低電圧駆動（低消費電力化）
小型化	○	駆動ICを外付け	◎	駆動回路をパネル上に内蔵 →狭額縁（小型化）
素子構造 コスト	◎	単純マトリクス＋有機EL →シンプルなプロセス　低コスト	△	低温p-Si TFT＋有機EL →複雑なプロセス

三洋電機資料より

有機 EL ディスプレイの駆動方法と比較

第5章　フルカラー化と駆動方式

ドイッチした構造。縦横の電極の端にトランジスタを設け、信号電極と走査電極にバイアス電圧をかけ、交点にある有機層を発光させる。パッシブマトリクスでも駆動方式はいろいろあるが、線順次駆動パッシブマトリクスは走査側の電極ラインを1ラインずつ駆動して明るく発光させるというもの。小型ディスプレイには最適な方式だが、大型化や高解像度化には不向きだ。

　パッシブマトリクス方式は構造がシンプルなだけに製造コストを抑えることができる。だがレスポンス時間が長いために文字や静止画にはいいが、動画表示には向かない。いままで、有機ELがカーオーディオや携帯電話のサブパネルに使われてきたのはそのためだ。

　パッシブ型は1本の陰極上にある画素を瞬間的に高輝度で発光させて、それを高速でスキャンする。操作側電極ラインがN本の場合は1/Nの時間だけ1ラインずつ駆動すると必要輝度のN倍の明るさが得られる。そのためには電流密度を高くすることも必要だ。

　アクティブ型は各画素にTFT（Thin Film Transister）を設ける。各画素のトランジスターの数は2〜4個。ここまではLCDと同じだ。このTFTがスイッチング素子となる。基板に複雑な回路を作る必要があるが、レスポンスが早く高解像度化も可能だ。なんといっても画素を独立に発光させることができ、その状態を維持できる。パッシブ型のような瞬間的な高輝度発光の必要はない。

　パネルの大型化や高精細化、低消費電力化にはアクティブ型が必要となる。TFT基板はLCDでも使われているが、有機ELは電流注入型素子であり、LCDのTFT基板をそのまま使うことはできない。そこで電流が多く流せる低温ポリシリコンTFTを使う。この技術が有機ELの大型化、高精細化の鍵になりそうだ。

　低温ポリシリコンTFTはドライバー回路などの周辺回路をガラス基板に一体化できるメリットもある。小型化、狭額縁化にも役立

つ技術だ。2002年頃からより作りやすいアモルファスシリコンTFTを用いたアクティブマトリクス方式の有機ELの研究も進められている。

2007 ファインテックジャパン　　ソニー

第6章

有機ELの製造技術と最新技術

■量産装置メーカー現る
■製造プロセスはシンプル
■封止して密閉する
■まだまだ多い課題
■製造には高いクリーン度が必要
■注目されるリン光発光とマルチフォトン

■量産装置メーカー現る

　1990年代にメーカーや大学が有機ELの研究や開発を始めた時点では製造設備まで自前で用意しなければならなかった。小さな有機ELパネルの試作ならこれで対応できたが、ある程度の大きさになり、さらに量産にまで進むとなるとそれでは間に合わなくなる。量産装置が必要になる。有機ELへの参入メーカーが増えたということで、トッキやアルバックといった量産装置メーカーが現れる。日立造船や三井造船、三菱重工なども量産装置の開発発表をしている。
　これらは有機ELディスプレイだけでなく、有機EL照明までターゲットにいれたもので、蒸着も従来の真空チャンバーではなく、リニア型にするなど、量産効果を高める設計。有機膜を連続的に形成

有機ELの量産装置　　三菱重工業

第6章　有機ELの製造技術と最新技術

することができる。ガラス基板サイズは現在は 370 × 470mm と小さい。次の段階として 550 × 650mm も使われ始めている。

　有機 EL では材料メーカー、製造装置メーカーが試作や製造を行なっている。実際に量産して販売するかは別にして、これにより製造に関するノウハウが得られる。有機 EL に参入したメーカーは量産装置を導入すると製造ノウハウまで得られるということになる。立ち上げ時間が短くなり、歩留りの面でもメリットがある。

■製造プロセスはシンプル

　製造プロセスも進化。蒸着での成膜装置もルツボ型からリニア型に変わっているなど変化がある。だが、基本的な部分は同じなので、

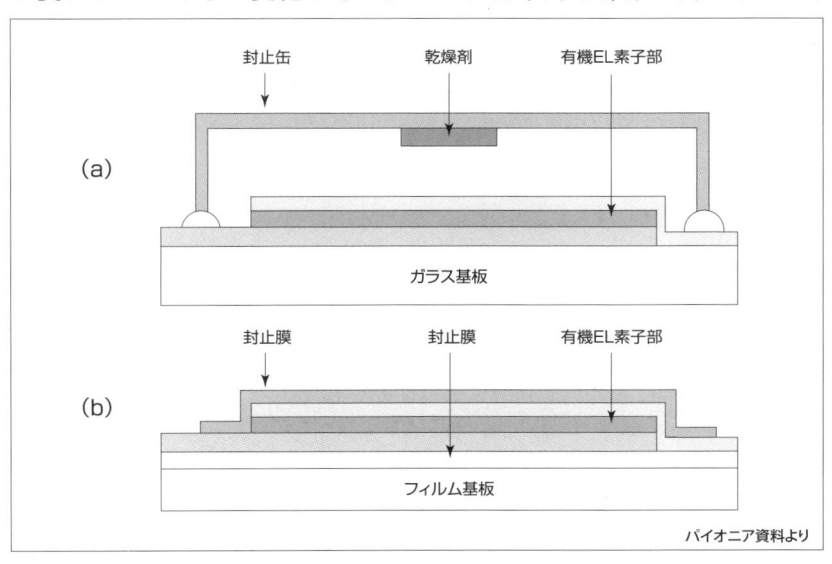

有機 EL 素子構造（ガラス基板を用いた現行の素子 (a) とフィルム基板＋膜封止の素子 (b)）

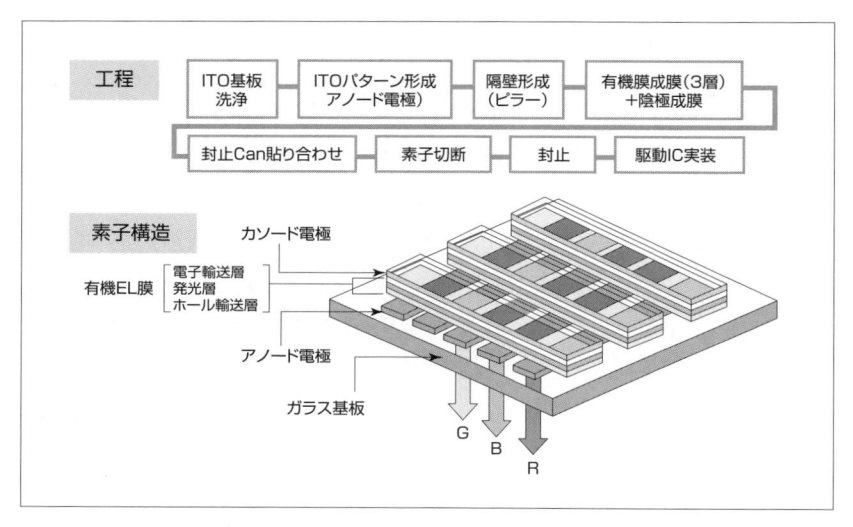

パッシブ型有機ELディスプレイの製造工程

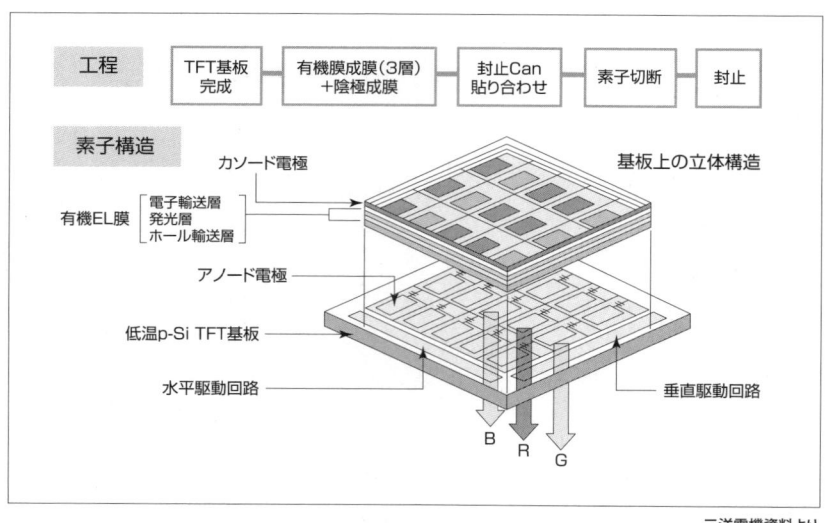

工程: ITO基板洗浄 → ITOパターン形成アノード電極 → 隔壁形成（ピラー） → 有機膜成膜（3層）+陰極成膜 → 封止Can貼り合わせ → 素子切断 → 封止 → 駆動IC実装

素子構造:
- カソード電極
- 有機EL膜（電子輸送層／発光層／ホール輸送層）
- アノード電極
- ガラス基板
- G, B, R

アクティブ型有機ELディスプレイの製造工程

工程: TFT基板完成 → 有機膜成膜（3層）+陰極成膜 → 封止Can貼り合わせ → 素子切断 → 封止

素子構造:
- カソード電極
- 有機EL膜（電子輸送層／発光層／ホール輸送層）
- 基板上の立体構造
- アノード電極
- 低温p-Si TFT基板
- 水平駆動回路
- 垂直駆動回路
- B, R, G

三洋電機資料より

第6章 有機ELの製造技術と最新技術

ここでは有機ELの量産が始まった時期での技術で説明する。

有機ELの製造工程はLCDの約3分の1とシンプルである。方式によっても異なるが、ガラス基板上に陽極（アノード）とホール輸送層、発光層、電子輸送層の有機膜を形成し、陰極（カソード）をつける。その有機EL素子部を封止缶（Metal Cap）で封止する。封止缶の中には不活性ガスと乾燥剤が入る。パッシブマトリクス型とアクティブマトリクス型でも異なる。有機EL層の形成以降は同じだが、アクティブマトリクス型はTFT基板を使うので駆動ICの実装は不要だ。

もう少し具体的に説明すると、パッシブ型はガラス基板上にITO膜をスパッタリングで形成し、ITO配線や引出し電極を形成する。このITO基板を洗浄して、その上に有機EL層を蒸着で形成する。フルカラーの場合はメタルマスク（シャドーマスク）を用いてRGBの

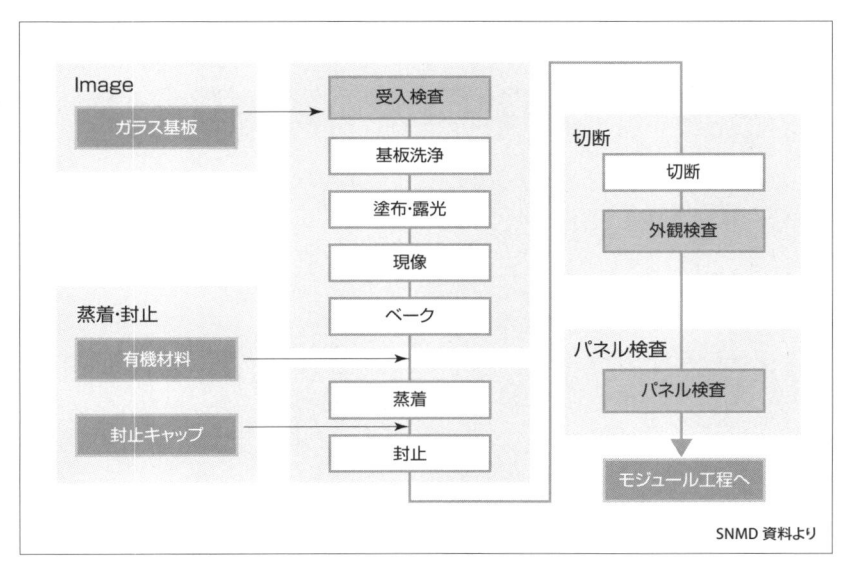

パネル工程フロー

3色を蒸着し分ける。これがパターニングだ。次に陰極を形成する。低温ポリシリコンやアモルファスシリコンのTFT基板を使うアクティブマトリクス型ではITO膜の形成や洗浄は不要だが、ドライブ回路を持つTFT基板を用意しなければならない。

■封止して密閉する

　最後に行なうのが封止である。有機材料は水分に弱いので、密閉することが必要。封止缶は金属が使われることが多いが、封止フィルムなどの樹脂封止も行なわれている。封止缶の内側には乾燥剤を入れ、有機発光層などを形成したガラス基板に接着して貼り合わせ、最後にガス出しをする。大きなガラス基板に複数枚のパネルを形成

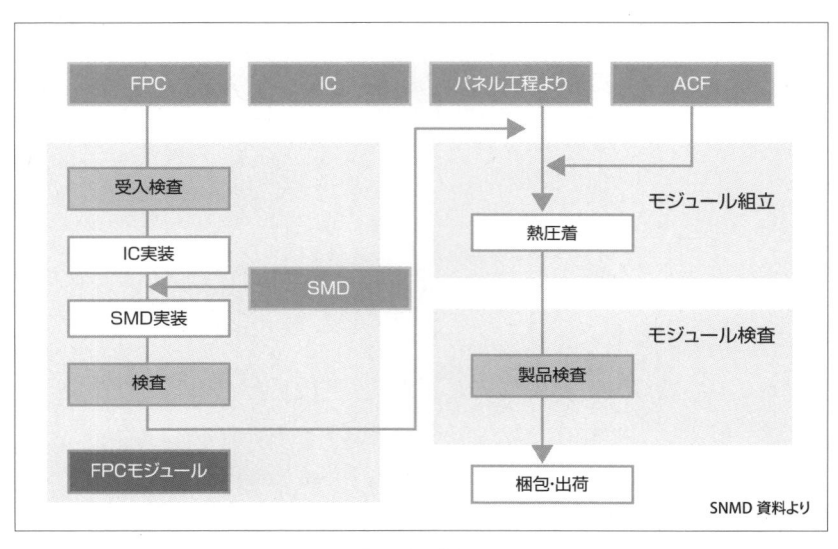

モジュール工程フロー

した場合にはパネルを切りわける。

　低温ポリシリコンTFT方式はガラス基板にTFTのドライブ回路などの周辺回路が作り込まれているが、パッシブマトリクス型では駆動ICの実装を行なわなければならない。このあと、モジュール工程でパネルとドライブ回路などを組み立て、圧着する。製造にはパネル工程とモジュール工程が必要だ。

　有機ELのパターニングではいろいろな方式が提案されているが、低分子系では真空蒸着法が使われている。3色独立画素方式ではRGBの3色の有機層の蒸着が必要なので、蒸着工程が増える。また、蒸着膜材料の直進性や回り込みなどから発光材料と基板の距離を長くする必要があるため、設備が大きくなる。モノカラーは比較的小さい設備で蒸着が可能。モノカラーと同等の設備でフルカラーが作れるのが色変換方式やカラーフィルター方式だ。

　高分子系ではスピンコート方が使われてきた。高分子系の有機層は薄く、フォトプロセスが使えない。スピンコート法は材料の使用効率が低いという欠点があるが、これは蒸着でも同じことだ。有機材料はグラム1万円以上と金よりも高い。効率的に使うこともコスト面での課題だ。

　高分子系ではパソコンのプリンターで使われているインクジェット法でRGBを精度良くパターニングできるようになった。日本では高分子系有機ELはインクジェット法が主流になっている。

■まだまだ多い課題

　有機ELは小型パネルの量産が行なわれているとはいえ、実用化、量産化の目途がたったばかりである。"単に発光する"からフルカラー

表示が可能になり、そして商品化。それでもポータブル AV プレーヤーや携帯電話程度でテレビはこれから。その第一陣となるのがソニーの 11 型だ。テレビとしては高画質だが、画面サイズは小さい。LCD や PDP は大型化が進んでいる。それに対応できるようになるまでにはまだ年月がかかると予測されている。

　技術的な課題は数多い。アクティブマトリクス型では
1　有機 EL 材料の開発
2　有機 EL プロセスに適した製造技術の開発
3　TFT 特性の改善
4　I／F 回路を含めたシステムとしての低消費電力化
5　ディスプレイとしての信頼性の向上
などがある。

　もっと分かりやすくいえば、高輝度化、高精細化、低電力化、長寿命化、低コスト化である。これは有機 EL パネル自体の性能向上と作りやすさということでもある。たとえば、有機材料の発光効率が上がれば、高輝度化だけでなく、低電力化も可能になり、寿命も伸びる。材料では赤と青の発光効率改善と青の色純度向上。発光効

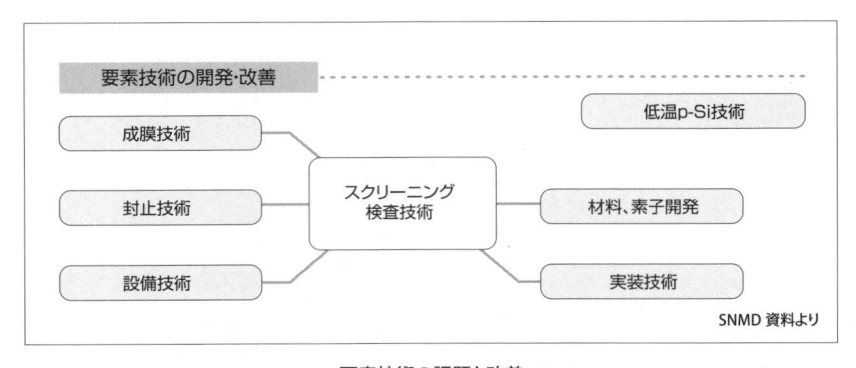

要素技術の課題と改善

第6章 有機ELの製造技術と最新技術

率のアップは駆動用トランジスタの能力が小さくてすむことになる。低温ポリシリコン TFT だけでなく、大型化や低コスト化ではアモルファスシリコン TFT への対応も課題だ。

■製造には高いクリーン度が必要

　研究、開発は進んでいるのに実用化が遅れているのには製造の難しさもある。これは信頼性とも関連する。有機 EL 素子はナノメートルレベルの超薄型素子で、水分により性能が大幅に劣化する。この点は発光層を空気から遮断する封止技術により大幅に改善されており、輝度を制限することでモバイル機器には十分な寿命が得られるが、テレビ用としてはまだ不足。アクティブマトリクス型の場合は画素ごとの TFT の劣化との関係もある。

　製造ラインのクリーン度の問題もある。$0.1\mu m$ のゴミが基板に付着しても、有機層と同じ程度の厚さになる。これにより発光しないダークスポットの拡大などの欠陥となる。有機 EL の製造ラインのクリーン度は LCD よりも厳しく、半導体製造ラインと同程度のクリーン度が必要だ。

　比較的作りやすいのがパッシブマトリクス型で、日本ではパイオニアや TDK などが量産しているが、それ以上に積極的なのが韓国と台湾メーカーで量産工場を立ち上げている。これらは2〜4型程度の小型パネルだ。韓国では有機 EL の人気が高く、携帯電話などに数多く使用されている。

　有機 EL は自発光デバイスである。これが最大のメリットで薄型化や低消費電力を可能としている。薄型化は確かに可能。パネルだけではサムスン SDI を例にとると LCD が 1.7mm でこれにバックラ

イトが必要。それに対して有機 EL はわずかに 0.52mm（2.2 型）だ。ソニーの 11 型有機 EL テレビが厚さ 3mm で驚かされた。これはアクティブマトリクス方式のため若干厚くなっているが、それにしても薄い。消費電力では現状は有機 EL 発光材料の発光効率が低いために LCD より小さいとはいえない。

　色に関しては高寿命で低消費電力の発光材料が限られるために、色補正用カラーフィルターを付けるのが普通だ。また、RGB の有機発光材料は劣化曲線が同じではなく、経時変化による色のズレが生ずる。カラーフィルター方式の白色素子の場合も経時変化で色が変わる恐れがある。クリアーしなければならない課題はまだ多い。

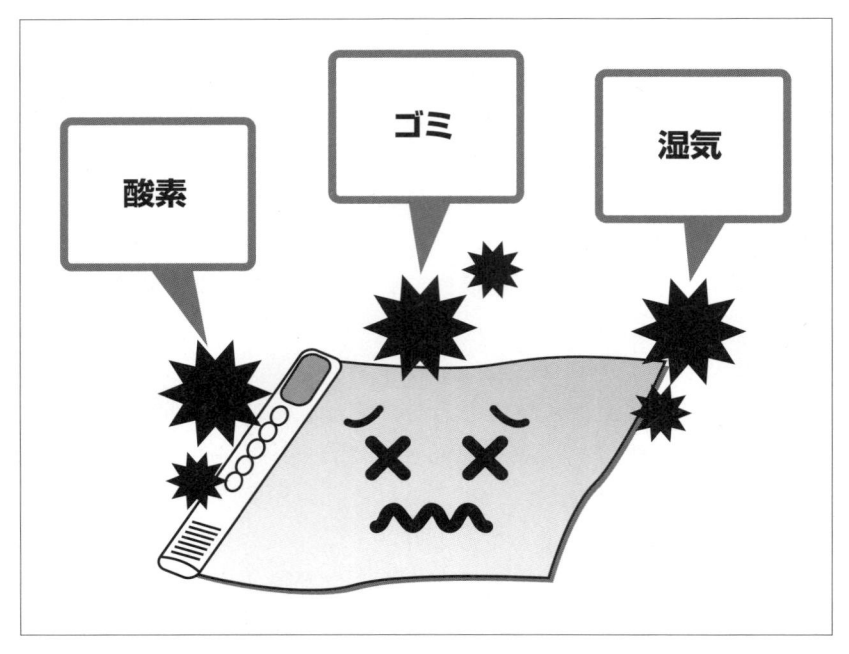

有機 EL には弱点も弱点も多い

第6章 有機ELの製造技術と最新技術

■注目されるリン光発光とマルチフォトン

　有機ELは蛍光発光現象を利用している。これは同じスピン（電子の回転）多重度の電子状態間遷移による発光。有機ELは有機素材に電流を流して発光させるが、今までは蛍光発光を使ってきた。それに対して異なるスピン多重度の電子状態間遷移に伴う発光がリン光だ。蛍光では内部量子効率（励起によるエネルギーが光に変換される割合）の上限が25％なのに対して、リン光を使うと理論的には100％が可能になる。

　有機ELではコダック社のTangがブレイクスルーをした。薄膜を積層することで高効率発光を可能としたのだ。それから10年後の1997年にモノカラーパネルが製品化され、1999年にはエリアカラー、2001年にはフルカラーが製品化されている。だが、メーカーも研究者も新たな質的な変化を伴う段階に飛躍することが必要だと感じていた。それを可能としたのがリン光発光なのだ。

　現在の有機ELの発光効率は高くない。最近は発光効率の高い材料も開発されているが、数年前までは外部発光効率は5％程度であった。5％というのは、有機ELは電子とホールのキャリアの再結合による発光で、再結合による発光性励起状態の生成確立は25％でしかない。発光した光を面状発光として外部に取り出す効率は20％と低い。つまり5％である。

　リン光発光は1999年に米プリンストン大学のBaldoらが発表したイリジウム錯体を発光材料とした緑色素子が高い外部発光量子効率を示したことによる。有機ELでは電子と正孔が再結合して光（フォトン）を出すが、その時に熱としてエネルギーを放出してしまうこともある。光を放出するのを蛍光、熱としてエネルギーを出すのをリ

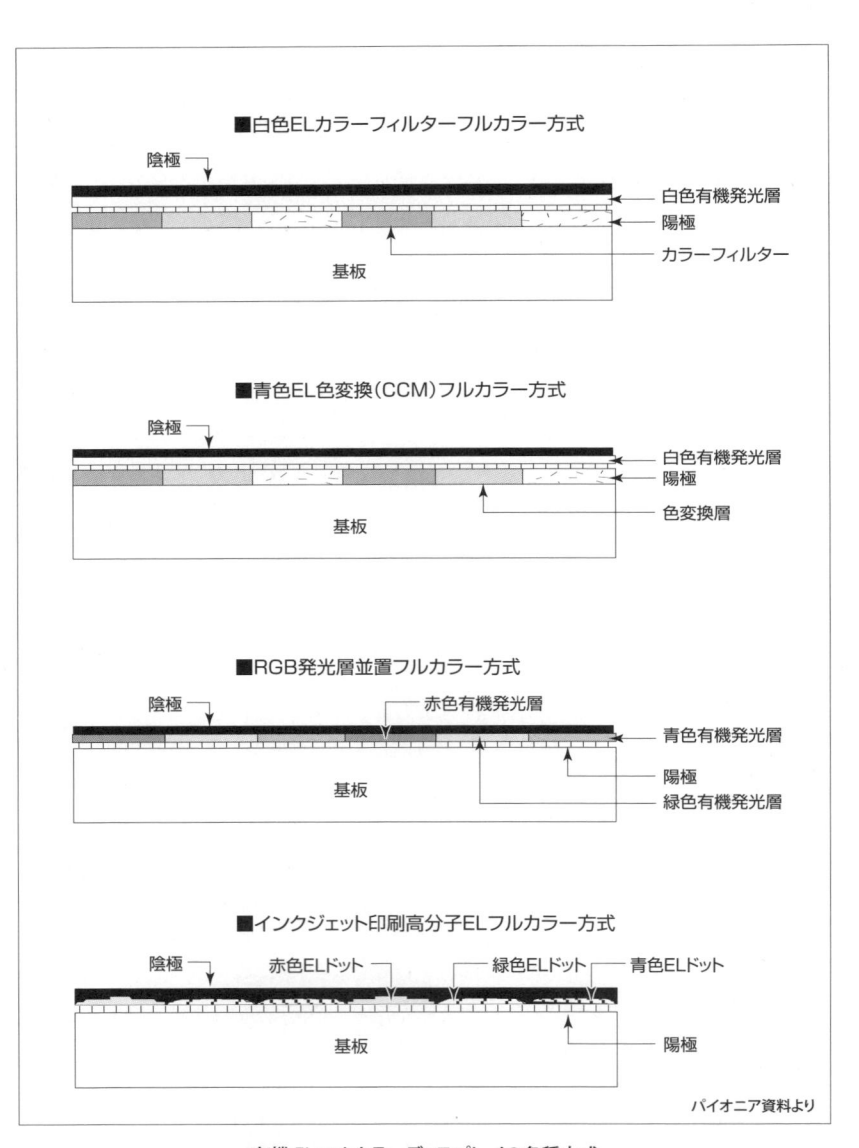

■白色ELカラーフィルターフルカラー方式

陰極
白色有機発光層
陽極
カラーフィルター
基板

■青色EL色変換(CCM)フルカラー方式

陰極
白色有機発光層
陽極
色変換層
基板

■RGB発光層並置フルカラー方式

陰極
赤色有機発光層
青色有機発光層
陽極
緑色有機発光層
基板

■インクジェット印刷高分子ELフルカラー方式

陰極
赤色ELドット
緑色ELドット
青色ELドット
基板
陽極

パイオニア資料より

有機ELフルカラーディスプレイの各種方式

第6章 有機ELの製造技術と最新技術

ン光という。

励起状態にはエネルギー状態の高い蛍光の1重項状態とエネルギー状態の低い3重項状態がある。蛍光発光では3重項状態からの発光はない。1重項状態と3重項状態の発生確立は1対3と言われており、3重項状態の励起子が発光に寄与するリン光材料を用いた場合には3倍の発光効率が得られるようになる。これに1重項状態を加えると理論的には内部量子効率は100％となる。

実際には基板内部で反射して外部に取り出すことができない光、内部損失が80％あると考えられており、外部量子効率は最大20％程度といわれる。強いリン光を示す発光材料の開発が進んでいる。緑と赤はめどが立ちつつあるが、青については満足できるレベルに達していない。高分子系材料ではリン光材料ドーパントを高分子系ホスト材料に入れることで素子を作ることができる。

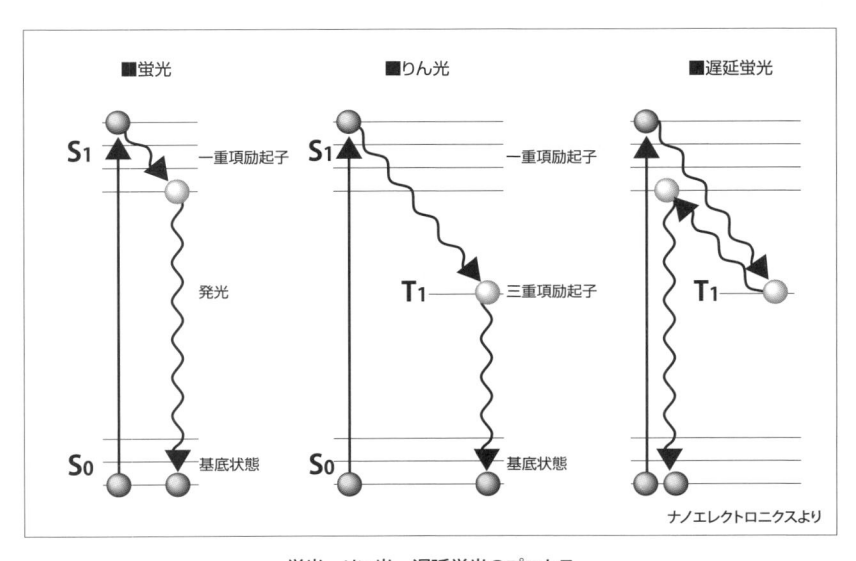

蛍光、リン光、遅延蛍光のプロセス

内部量子効率が100%を超えるデバイスも開発されている。マルチフォトンでこれは1個の電子で複数のフォトンを発生させる。陽極と陰極の間に電荷発生層を挿入して電圧を印加すると正孔と電子が発生。隣接する発光層に注入されて、外部から注入された正孔や電子と再結合して発光するというもの。内部で電荷が発生した分だけ、光が多く発生することになる。

　電荷発生層を1層入れれば、内部量子効率は2倍に、2層入れれば3倍になる。層数をフラスすることで内部量子効率が100%を超えることができるのだ。この素子は直列なので必要な電圧は高くなるが、電流を少なくすることができ、長寿命化に繋がるというメリットもある。発光層をn段重ねた場合は、効率（cd/A）では発光層のn倍になり、効率（lm/W）では2割増しになるという。

　また、有機ELでは駆動トランジスタは大きな電流を流せるポリシリコンTFTなどが必要だったが、アモルファスシリコンTFTが使えるようになる可能性がある。実用化に向けて開発が進んでいる技術だ。

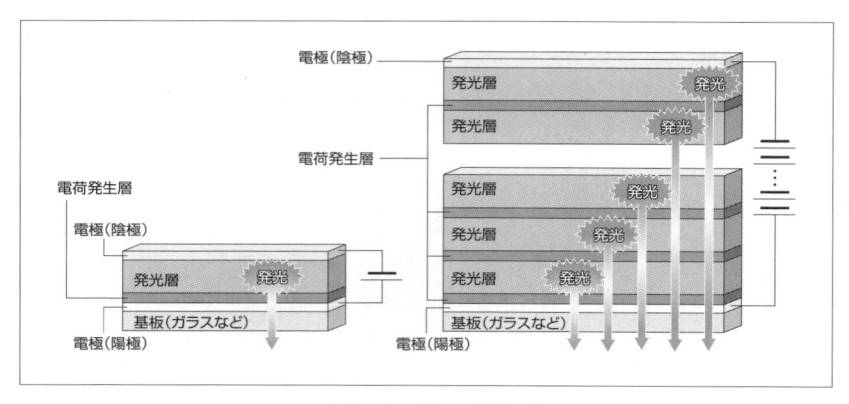

マルチフォトン技術の基本原理

第7章

コダック社は基本原理を確立

- ■開発の歴史
- ■パイオニアからライセンス供与の話
- ■コダック社の基本特許
- ■三洋電機と共同開発
- ■SKディスプレイを設立、そして解散
- ■三洋電機の取り組みは1989年
- ■低温ポリシリコンTFT技術
- ■色素ドーピング法を採用

■開発の歴史

　低分子系有機 EL の基本特許を持っているのが米コダック社である。特許庁の有機 EL 基本特許リストによると、コダック社の基本特許は 1980 年の「有機エレクトロルミネッセンスセルおよびその製造方法」から始まっている。有名なのが基本特許といわれた 1987 年の「有機発光媒体をもつ電場発光デバイス」であるが、これら初期の特許は切れており、現在はコダック社の特許に抵触しないで低分子系有機 EL を作ることができる。だが、コダック社はその後も基幹となる特許を申請している。やはり有機 EL 製造には欠かせない存在で全世界で約 20 社がコダックからライセンス供与を受けている。

　コダック社は 1979 年から中央研究所で有機 EL の試作をしており、

コダック社の有機 EL パネル

第 7 章　コダック社は基本原理を確立

■コダック社の有機 EL のあゆみ

1979 年	・中央研究所で OLED を試作
1987 年	・OLED に関する最初の特許申請
1987 年～現在	・OLED 技術を推進し幅広い範囲 （材料、パターニング、設計、製法等）の特許を保有
1996～2002 年	・以下の企業と OLED に関するライセンス契約： 日本：パイオニア株式会社、TDK 株式会社、三洋電機株式会社、日本精機株式会社、ローム株式会社、株式会社デンソー、オプトレックス株式会社 米国：イマジンコーポレーション、オプシス社、ライトアレイ社 台湾：ライテックコーポレーション、テコ電気機械株式会社、オプトテックコーポレーション 韓国：サムスン NEC モバイルディスプレイ社
1999 年	・三洋電機との共同開発契約調印 ・世界初の 2.4 インチのアクティブマトリックス型フルカラー OLED ディスプレイの開発に成功
2000 年	・OLED の技術成果に対して「インダストリーウイーク」誌から年間最優秀技術賞を受賞・コダック社からライセンスを受けているパイオニアがカーステレオに OLED パネル搭載。また、その数カ月後には、モトローラ社が同様の OLED 技術を最新型携帯電話に採用 ・コダック社と三洋電機は、初の 5.5 インチのアクティブマトリックス型フルカラー OLED ディスプレイの試作品を発表。この成功で、パソコン機器などの大型ディスプレイ製造への道が開かれる。
2001 年	・コダック社と三洋電機は、アクティブマトリックス型ディスプレイ製造会社「株式会社エスケイ・ディスプレイ」を設立
2002 年	・コダック社、2.16 インチのアクティブマトリックス型フルカラー OLED ディスプレイ評価用キット「コダックディスプレイ AM550L 評価用キット」を発表 ・コダック社と三洋電機は、カラーフィルター方式採用の世界最大 15 インチアクティブマトリックス型フルカラー OLED ディスプレイを共同開発
2003 年	・アクティブマトリクス型フルカラー有機 EL ディスプレイの出荷を開始。LS633 デジタルカメラに搭載
2004 年	・アクティブマトリクス型フルカラー有機 EL ディスプレイを携帯電話端末用として供給
2005 年	・アクティブマトリクス型フルカラー有機 EL ディスプレイをハッセルブラッド製カメラに搭載
2006 年	・エスケイ・ディスプレイ社解散 ・LG フィリップス LCD と技術協力

コダック資料に加筆

1987年の特許申請以後、有機ELの構造、デバイス、材料からパターニング、駆動方式、製造方法など数多くの幅広い特許を有している。低分子系有機ELはコダック社からライセンス供与を受けないと作ることが難しいのが実情だ。

　1987年の特許、つまり基本特許といわれたものを確立したのがコダック社のタン（C.W.Tang）とヴァン・スライク（S.A.VanSlyke）だ。タンは中央研究所で有機材料を使った太陽電池の研究をしていた。太陽電池は光を受けて電気に変える。その研究の中で作った有機デバイスに電気を流したら発光した。逆の動作をしたのだ。その頃は日本でも大学や企業が有機材料を使った発光デバイスの研究をしていたが、できないと考える所が多かった。

　コダック社の特許申請と論文の発表により、その検証がなされ、有機ELディスプレイができそうだということになった。有機ELの原点はここにある。

　その後、回路を加えたり、色を出すための特許などを申請している。だが、コダック社はフィルム主体の企業であり、中央研究所でもCCDや化合物半導体のLEDなどのデバイスの研究も並行して行なわれ、有機ELの開発は社内的には注目されなかった。単なる研究所の成果の一つであり、事業化も考えなかった。その後も研究は続けられ、特許の数は増えて行ったが、そのまま7～8年過ぎてしまう。

■パイオニアからライセンス供与の話

　そうした中、1995年に有機ELディスプレイに関する特許を使いたいという話がパイオニア（東北パイオニア）からあった。コダッ

第7章　コダック社は基本原理を確立

ク社が研究開発チームを強化し始めたのはそれからだ。それまでは5人前後の小さなグループで研究を行なっていた。真空蒸着もベルジャーと呼ぶ小型の装置を使い、実験を行なっていた。大学の研究室レベルだったのである。

　コダック社のリサーチラボには有機化学などの化学の専門化が数多くおり、それらの専門家を集めて活動を活発化させた。その間、1992年にはそれまであった化合物半導体デバイスや液晶ディスプレイの研究セクションがリストラで解散している。

　コダック社にとって1995年頃までは基礎実験の時代といえる。その段階で基本製造特許を含めた数多くの特許を取得しているのは驚きである。電気や半導体、有機材料の専門家を集めて研究開発チームの強化を図り、みずから実験デバイスを作ろうかという動きや投資を始めた時に特許を使いたいという話しがきたのである。

■コダック社の基本特許

　基本特許といわれたものも初期のものは失効しているが、現在の有機ELもこの特許がベースになっていることは間違いない。コダック社の特許から有機ELディスプレイが可能だということで、次世代ディスプレイとして各社が注目し始めたのは1990年代初頭。だが、この頃の有機ELは点として光る程度の小さな実験サンプルであった。研究を始めていた所もあったが、ほとんど注目されていなかったというのが実情のようだ。

　そのコダック社の特許はデバイスが光るというまさに基本特許であり、ディスプレイに使えるような面で均一に光る、効率よく光るというものではなかった。

1987年の特許以前にもコダック社は有機ELの基本的な構造や製法の特許を出している。だが、これはパッと光って消えてしまう、暗い部屋で良く見ていないと分からないような発光だった。1987年の積層膜により、それ以上に明るく、発光を持続できるようになったのである。それ以前は発光は確認できても、持続させることができなかった。構造や材料などの素材の提供から、それをディスプレイとして洗練したものにしたのは1996年以降だ。

　では基本特許とはどういうものか。発光原理や構造は第4章を参照してもらいたいが、低分子系有機ELではコダック社の特許を避けて製造することができなかった基本の基本である。もちろん逃げ道がないわけではないが、それは自然の物理現象を無視した方法で発光させるということになる。

　電子と正孔（ホール）で光子（フォトン）を出すのではなく、別の方法を使えばできる可能性はある。不可能とはいえないが極めて難し

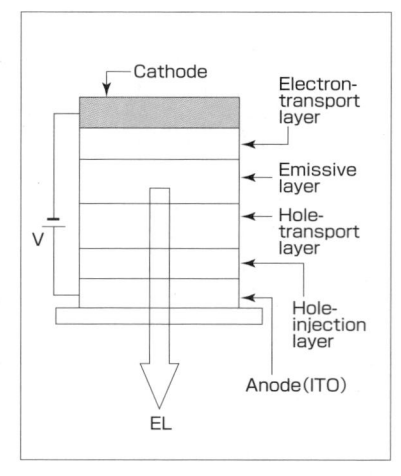

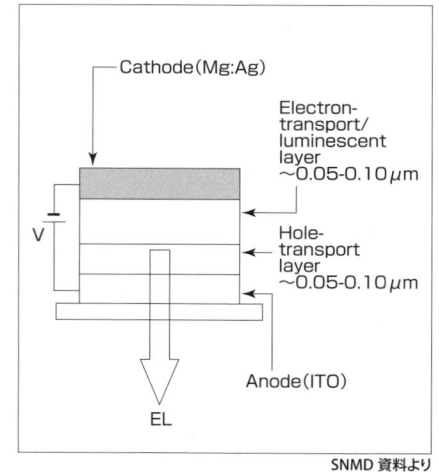

SNMD 資料より

Multi-layer OLED device structure　　　Basic bi-layer OLED device structure

いことは確かだ。多額の投資をしてチャレンジしても、実現できるかはわからない。多くの会社がコダック社とライセンス契約を結んでいるのはそのためだ。

■三洋電機と共同開発

　開発部隊を強化してからはコダック社が自らディスプレイを作って開発を進めた。最初はパッシブマトリクス型を作り、実験を行なった。たとえば、陽極のITOの透明電極もピンホールがあると不良になってしまう。そういう基本的な部分からの開発であった。そうし

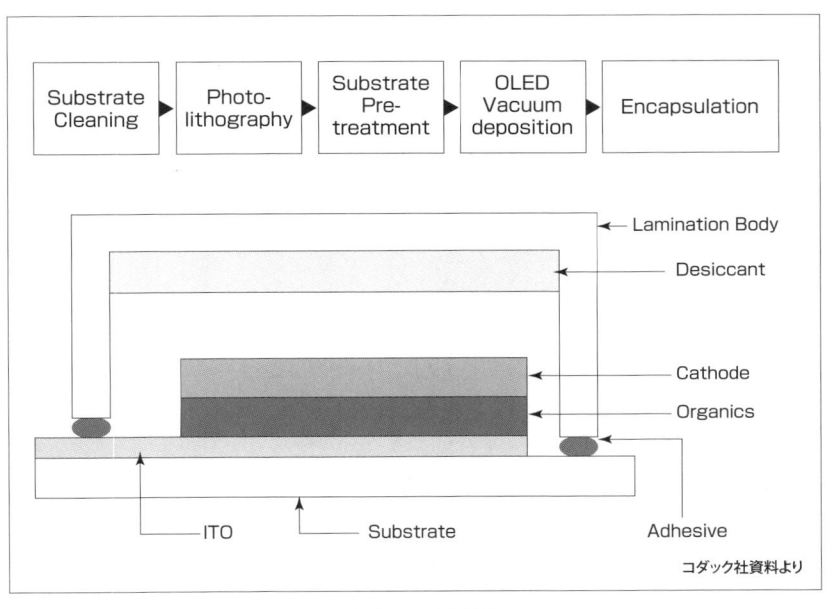

製造プロセスと封止図

た中でディスプレイとしてはパッシブマトリクス型ではなく、アクティブマトリクス型ということになる。

　アクティブ型のTFTにはアモルファスシリコンと低温ポリシリコンがある。低温ポリシリコンは基板上に駆動回路を作り込めるという点で有利。その技術を持っている三洋電機と共同開発をすることにした。これが1999年だ。この年には2.4型のアクティブマトリクス型フルカラー有機ELディスプレイの開発に成功している。

　その時点ではプロジェクトが3つあった。1つはパッシブ型のエリアカラー、もう1つはパッシブ型のフルカラー、そしてアクティブ型のフルカラーだ。三洋電機も枚方（大阪府）の研究所で有機ELの研究をしていた。共同開発を始めてから、三洋電機のTFT技術者と交流を持った。三洋電機は低温ポリシリコンTFT・LCDの技術を確立していたことから技術交流はスムーズにいったようだ。TFTは三洋電機、コダック社は有機材料やデバイスという役割分担で始まった。

　当初はTFT基板を三洋電機が作り、それを米ロチェスターのコダック社に送り、そこに有機膜などを形成して封止してから日本に送り返すということをしていた。2000年に発表した5.5型も同じである。

■SKディスプレイを設立、そして解散

　2.4型はRGBの塗り分け方式（3色独立画素方式）を採用した。これは微細なドット（画素）をRGBに塗り分けなければならない。TFT基板はフォトプロセスを使うので、あるべきドットの位置にドットが作れる。だが、有機層の蒸着では合金で作ったシャドーマスク（メ

第7章　コダック社は基本原理を確立

タルマスク)を使う。この精度が悪いとTFTの画素と同じ位置にドットを作ることができない。熱による変形などもある。

　当時、このような高精細なシャドーマスクを作ることができるメーカーはなかった。頼み込んでそれができたのは展示会の直前。ぎりぎりであった。展示会に参考出品したパネルを各社の人が見て有機ELの開発に火がついた。1996年から日本だけでなく、米国、韓国、台湾などの企業がコダック社と有機ELのライセンス契約をしている。それらはパッシブ型だが、米国のeMagin社だけはCMOS上に有機層を形成する特殊なアクティブ型であった。

　三洋電機と共同開発をするまではライセンスと材料技術の提供だけであったが、ディスプレイが作れるのではないかという考え方がでてきたので、三洋電機と共同開発をして、次に共同で作るということで2001年にアクティブマトリクス型ディスプレイ製造会社の

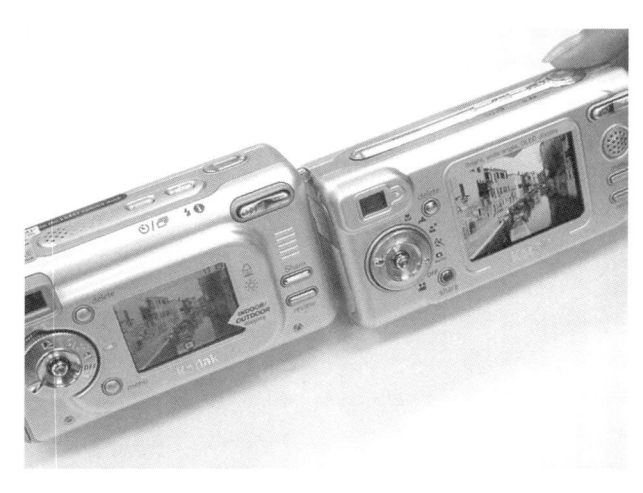

アクティブ・マトリクス型有機ELが初めて搭載された製品のコダックのデジタルカメラ「LS633」(右)。左の液晶モニタに比べ、視野角の広さは明らか

「株式会社 SK ディスプレイ」を設立した。

コダック社は有機 EL の技術成果に対して「インダストリー・ウィーク」誌からの年間最優秀技術賞など、数多くの賞を受けている。有機 EL はまだ開発途上のデバイスである。作ってみて始めて分かる部分も多い。有機 EL、中でも低分子系ではコダック社の技術の寄与は大きい。

SK ディスプレイは 2002 年に携帯電話用に 300 枚のアクティブ型を出荷。2003 年にはコダック社がデジカメに採用した。2004 年には韓国セットメーカーがモバイル端末に搭載。2006 年には三洋電機のデジタルカメラ・ザクティ DMX−HD1 に採用したが、その直後にコダック社が株の持ち分を三洋電機に譲渡し、三洋電機は SK ディスプレイを解散した。三洋電機は有機 EL から撤退である。コダック社はその後韓国の LG フィリップス LCD 社と技術協力を結んでいる。これからは製造は LG フィリップス LCD が担当すると思われる。

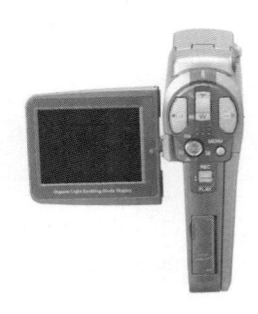

ザクティ DMX-HD1　三洋電機

■三洋電機の取り組みは 1989 年

2006 年に事実上有機 EL から撤退した三洋電機だが、それまでの動きや技術は有機 EL を知る上で役立つと思われるのでコンパクト

第7章　コダック社は基本原理を確立

三洋電機の有機 EL 開発経路

1989 年	・有機 EL の開発に着手
1991 年	・世界トップレベルの青色材料開発（オキサジアゾール系、5600cd/m2）
1993 年	・高性能電子輸送材料開発（BeBq2）
	新ドーピング法開発（ホール輸送層へのドーピング）
1994 年	・高輝度緑色素子の開発（12 万 cd/m2）
1995 年	・長寿命素子の開発（T1/2=3550H、@500cd/m2）
	高輝度白色発光材料の開発（ZnBTZ、10000cd/m2）
1997 年	・初期輝度半減期 20000H を突破（@100cd/m2）
1998 年	低駆動電圧材料の開発（Be5Fla、3V 以下）
1999 年	・高色純度赤色材料の開発（x=0.65、y=0.35）
	・三洋・コダック有機 EL ディスプレイの共同開発に着手
2000 年	2.4 インチフルカラーアクティブタイプ有機 EL ディスプレイ開発
2002 年	・5.5 インチフルカラーアクティブタイプ有機 EL ディスプレイ開発
2003 年	・15 インチアクティブマトリクス型フルカラー有機 EL ディスプレイを発表
2006 年	・アクティブマトリクス型フルカラー有機ＥＬを出荷。コダック社のカメラに搭載
	・アクティブマトリクス型フルカラー有機 EL ディスプレイをデジタルカメラの咲くティに搭載
	・有機ＥＬ事業からの撤退を発表

三洋電機資料に加筆

にまとめた。なおこの取材をしたのは 2002 年である。

　三洋電機が有機 EL の開発に取り組んだのは 1989 年である。1980 年代には技術開発本部の前身となる部門で電子線のレジストの研究をしていた。これは有機物であり、その研究部隊が有機物で新しいデバイスができないかと考えていたら、コダック社の発表があり、有機 EL の開発に着手した。発光体として有機物を使うのは面白いということからである。

　最初は材料の開発がメインであった。1991 年に青色材料を開発。

1994年には高輝度緑色素子を、1995年には高輝度白色発光材料を開発している。その中で注目されるのが1993年の高性能電子輸送材料（BeBq2）の開発と1995年のドーピング法の開発である。正孔（ホール）輸送層へドーピングする新ドーピング法により、1995年に輝度半減時間3550分の長寿命素子を開発している。有機ELに関しては材料からの開発。数人のチームで細々と研究を続けていたのはコダック社と同じだ。

■低温ポリシリコンTFT技術

三洋電機にはLCD技術の蓄積があった。LCDはフルカラー化と同時に高精細、高画質が求められた。アクティブマトリクス方式を採用し、ソースドライバーやゲートドライバーなどの駆動回路をTFT基板上に作ることで、コンパクト化が図れる低温ポリシリコンTFT技術の開発を1993年から始めた。これは高価な特殊ガラスを使うことなく、高精細化が可能でパネル枠を小さくできる。量産の開始は1996年だ。

2002年　三洋電機

5.5型フルカラーアクティブタイプ有機EL

第7章 コダック社は基本原理を確立

　有機ELでもアクティブマトリクス型では低温ポリシリコンTFT技術は欠かせない。これに注目したのがコダック社だ。1999年にコダック社と共同開発体制を整え、それぞれの強みである材料技術と低温ポリシリコンTFT技術を融合させて有機ELの開発を進めた。
　低温ポリシリコンTFT技術はLCDにおいて有効だった。LCDの弱点である反応速度を上げることができ、駆動回路を基板に作ることができる。半導体と同じように製品に回路を組み込むことができ、基板には大型のガラス基板が使える。この低温ポリシリコンTFT基板に液晶をのせればLCDになり、有機ELをのせれば有機ELデバイスになるのである。

■色素ドーピング法を採用

　三洋電機は有機ELに多層構造を採用していた。最初は発光層1層で光らせることをメインに開発していたが、発光材料の条件を満

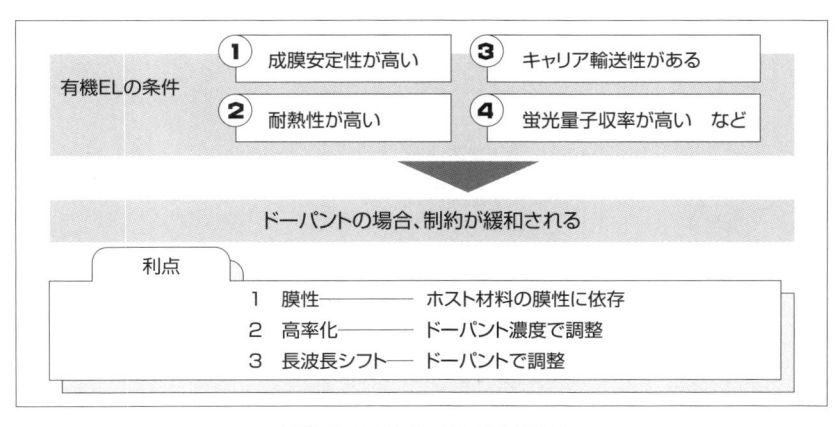

有機ELの条件	① 成膜安定性が高い	③ キャリア輸送性がある
	② 耐熱性が高い	④ 蛍光量子収率が高い　など

ドーパントの場合、制約が緩和される

利点
1　膜性　　　　　　ホスト材料の膜性に依存
2　高率化　　　　　ドーパント濃度で調整
3　長波長シフト　　ドーパントで調整

材料面から見たドーピング法の長所　　　　三洋電機資料より

たす材料が得にくい。そこで積層構造と薄膜化、色素ドーピング法を採用した。これにより高輝度化、高効率化、多色化、長寿命化を可能としたのだ。

色素ドーピング法というのは、微量の有機色素（ドーパント）を有機層（ホスト）中に分散させ、ドーパントを発光させる手法。蛍光性色素は多く入れ過ぎると濃度消光といって光が出てこなくなる性質を持つ。ホスト材料とドーパントの組み合わせにより、蛍光性色素は光るだけの役割で、ホストは膜性という役割分離を図ったのがドーピング法だ。

ドーパントを使うと、膜性はホスト材料に依存し、効率はドーパント濃度で調節が可能。長波長へのシフトもドーパントする色素により調整できるというメリットを持つ。ドーパントやホスト材料を

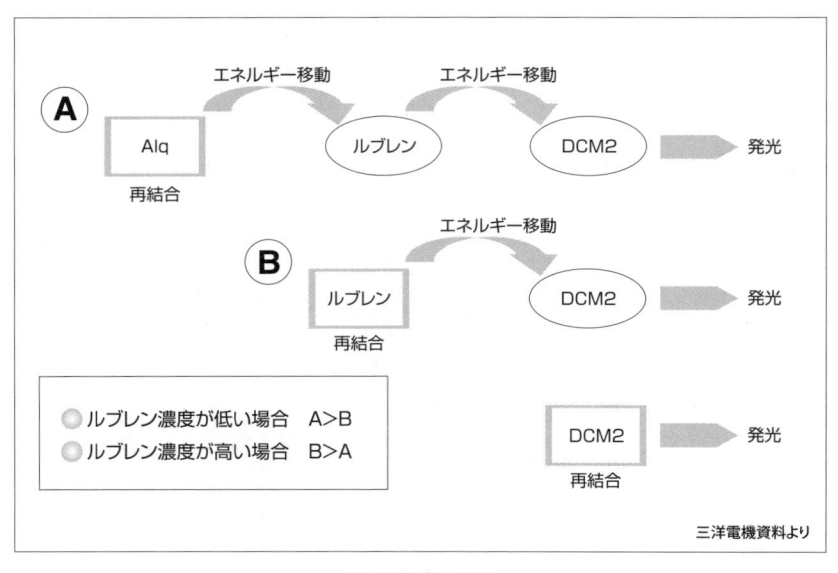

DCM2の発光径路

第7章 コダック社は基本原理を確立

変えることで効率が良くなったり、寿命が長くなったりする。

　だが、赤色が難しかった。従来の赤色有機 EL は橙色に近く、色純度が悪く、低効率であった。ピュアな色純度の赤色の発光が求められていた。三洋電機は 1999 年に発光アシストドーパントを組み合わせることで、鮮やかな赤色を発光させる技術を開発した。従来の赤色素子はホスト材料に Alq3（アルミキノリノール錯体）を使っていた。これは単独では緑色に発光する。そこに赤色ドーパントを入れて赤色発光にするのだが、同時に緑色も発光してしまうために赤に緑が混じり橙色になってしまっていた。

　そこで、発光アシスト（EA）ドーパントを加えた。これによりホストのエネルギーがスムーズにドーパントに移行し、ホストは光らない。ピュアな赤色の発光を可能とした。ドーパントとしては赤色と

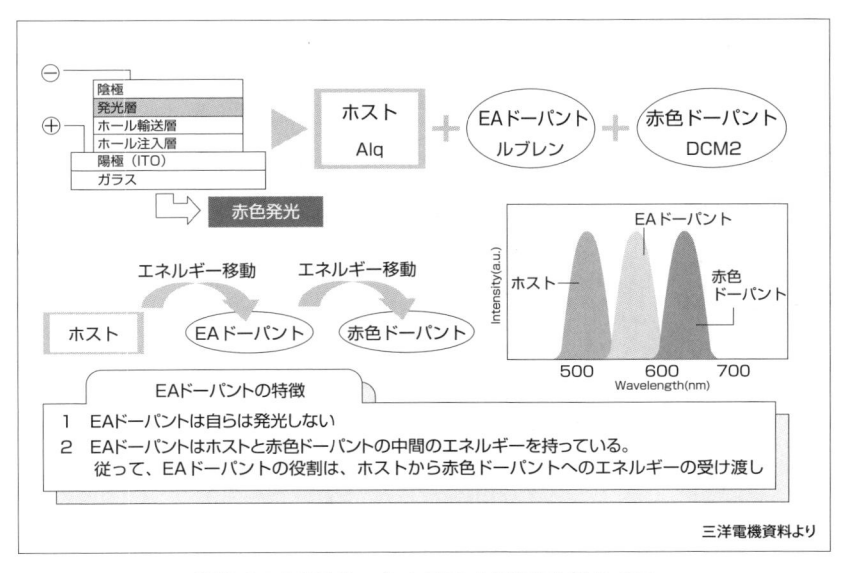

発光アシスト（EA）ドーパントを用いた新赤色有機 EL 素子

ホストの中間のエネルギーを持つルブレンという材料を使っている。ルブレンを発光層内にドープしているのだ。ホストからルブレン、赤色ドーパントとエネルギーが移動し、ホストの発光を抑制することで、色純度の高い赤を可能とした。ルブレンは濃度を高くすると低電圧化ができ、寿命も従来の2倍以上になる。

三洋電機とKodakの合弁によるSKディスプレイ社が初めて出荷したアクティブ型フルカラー有機ELディスプレイモジュール ALE251

2.16型有機ELディスプレイを装備したKodakのデジカメ　EasyShareLS633

第8章

量産に進んだパイオニアTDK

- ■有機ELへの参入メーカーの数は多い
- ■量産第1号はパイオニア
- ■カーオーディオ用がメイン
- ■アクティブマトリクス型からは撤退
- ■TDKはカラーフィルター方式
- ■特長は輝度半減寿命
- ■青+黄の2層構造による混合発光
- ■フルカラー化と高精細化に有利な方式

■有機ELへの参入メーカーの数は多い

　有機ELは数年おきに話題になる。最初は1997年に東北パイオニア（2007年に株式公開買い付けによりパイオニアが完全子会社化）がパッシブ型のモノカラー有機ELディスプレイの量産に成功した時である。翌年には数社がフルカラー有機ELディスプレイを試作展示した。

　2002年のCEATECではソニーや東芝、三洋電機が大々的にデモを行い、その高画質を見せつけた。その後、携帯電話のサブパネルやデジカメ、カーナビを中心に着実に進化を続けたが、小型パネルのみで、テレビではLG電子やセイコーエプソンが試作品を展示会に参考出品した程度。2006年のCEATECの有機ELも地味だった。

　大きく動き始めたのは2007年に入ってからで、ソニーがCESで

CES2007でのソニーの展示

第8章　量産に進んだパイオニア、TDK

27型の有機ELディスプレイを発表。11型も展示した。その画質の良さと完成度の高さに驚かされた。日本では4月のDisplay 2007で展示され、そこで11型の年内発売が予告された。東芝も21型クラスの有機ELを2009年に商品化することを発表。テレビ用FPDデバイスとして注目された。

　国内で有機ELを量産しているメーカーは少ない。パイオニアとTDK、ソニーぐらいである。韓国や台湾メーカーの方が積極的でauの携帯電話などには韓国製の有機ELが使われている。だが、参入を予定しているメーカー、開発をしているメーカーの数は多く、その中には量産が可能な段階に至っているメーカーも多い。また、有機材料、TFT基板、製造装置などすそ野も広い。

　ざっと上げるとローム、京セラ、セイコーエプソン、日本ビクター、日立、東芝、キヤノン、三菱化学、富士電機、双葉電子、スタンレー電気、トヨタ自動織機、出光興産、シャープ、凸版印刷、大日本印刷など。まだまだ数は多い。海外ではサムスンSDI、サムスン電子、LGフィリップスLCDが韓国で、台湾ではユニビジョンなど。NECは2001年にサムスンSDIと合弁でサムスンNECモバイルディスプレイを発足させたが、2004年に全ての株式と関連特許をサムスンSDIに譲渡して有機ELから撤退している。第7章で述べたように三洋電機も撤退組だ。

■量産第1号はパイオニア

　1997年に業界に先駆けて有機ELディスプレイの量産を始めたのがパイオニアだ。実際には東北パイオニアが量産にあたった。東北パイオニアは1966年にパイオニアの家庭用スピーカー工場として設

立され、当初は世界一のスピーカー生産量を誇っていた。だが石油ショックでスピーカーの生産量が減り、家庭用からカーオーディオ用に切り換えた。カーオーディオ用も製造コストから中国やメキシコに生産拠点を移さざるを得なくなり、次のターゲットのひとつとして選んだのがパイオニアが研究を進めていた有機 EL だった。

　パイオニアは 1991 年にディスプレイ小委員会を作り、次世代ディスプレイとして大画面では PDP、中長期的には有機 EL を選び、研究開発を始めた。パイオニア本社での開発は 1994 年に始まっているが研究所レベルだった。1995 年には東北パイオニアに事業化を移管。1997 年にはパッシブ駆動方式の緑色モノカラー有機 EL パネルの量産に成功。カーオーディオに採用している。コダックにライセンス供与を依頼したのも一番早い。ライセンスを得たのは 1996 年。

　1999 年には 4 色エリアカラーディスプレイを開発してこれもカーオーディオに採用。2000 年にはモトローラ社製の携帯電話のディス

パイオニア（東北パイオニア）

初期の有機 EL 搭載カーオーディオ

第8章　量産に進んだパイオニア、TDK

有機EL搭載携帯電話

東北パイオニア

プレイに採用されている。2002年にはドコモ・富士通の携帯電話のサブパネルがパッシブ型4色カラー有機ELパネルを搭載した。

■カーオーディオ用がメイン

　パイオニアが有機ELの量産で先行できたのは先見の明もあるが、カーオーディオ用に絞ったためもあるようだ。当時、フルカラーの試作がTDKなどでなされたが、実用化には大きなハードルがあった。また、携帯電話も普及が始まった段階で、大きなマーケットではなかった。パイオニアはカーオーディオで大きなシェアを持っていた。また、東北パイオニアはカーオーディオスピーカーを生産していた。
　明るい外光が差し込む車内では、当時のLCDではコントラストが

弱く、視野角が狭く、ドライバーズシートからは見づらい。そこでLEDなどが使われていたが、有機ELは自発光デバイスで高コントラスト、広視野角、高い視認性を持つ。カーオーディオ機器ではディスプレイは必須だが、当時はフルカラーのニーズは少なかった。表示だけならモノカラーで十分であり、国内では緑色表示が人気であった。

　コンソールにセットするカーオーディオ機器のディスプレイには視野角の広さや幅広い温度特性が求められる。1999年に4色のエリアカラー有機ELディスプレイを開発してパイオニアのカーオーディオに搭載。パイオニアがフルカラー試作機を発表、展示したのは1998年だ。東北パイオニアは2002年の秋には量産個数500万個を実現している。

■アクティブマトリクス型からは撤退

　モノカラーから出発した東北パイオニアの有機ELディスプレイだが、フルカラー化も着々と進めてきた。開発は東北パイオニアだけでなく、パイオニア本社の総合研究所での研究開発も進められており、ここが強みとなっている。フルカラーモデルは1998年に5.2型の試作モデルを開発、展示しているが、QVGAのパッシブマトリクス型であった。この時に陰極の微細加工技術とパッシブマトリクス型の駆動回路などを開発している。

　有機ELでは成膜した有機材料に陰極をダメージ少なく、微細にパターニングすることが難しかった。そこをパイオニアは有機層を作る前に陰極パターニング機能を内蔵した構造物を作ることで解決した。3色独立画素方式ではRGBの層をシャドーマスク（メタルマ

第 8 章　量産に進んだパイオニア、TDK

■陽極付き基板に陰極隔壁を形成

　　　　　　　　　　　　　　　　　　　← 陰極隔壁
　　　　　　　　　　　　　　　　　　　← 陽極
　　　　　　ガラス基板

■有機物を隔壁根元に回り込むように成膜

　　　　　　　　　　　　　　　　　　　← 有機膜層
　　　　　　ガラス基板

■陰極金属を基板と垂直に成膜→隣接する陰極が自動的に絶縁される

　　　　　　　　　　　　　　　　　　　← 陰極
　　　　　　ガラス基板

パイオニア資料より

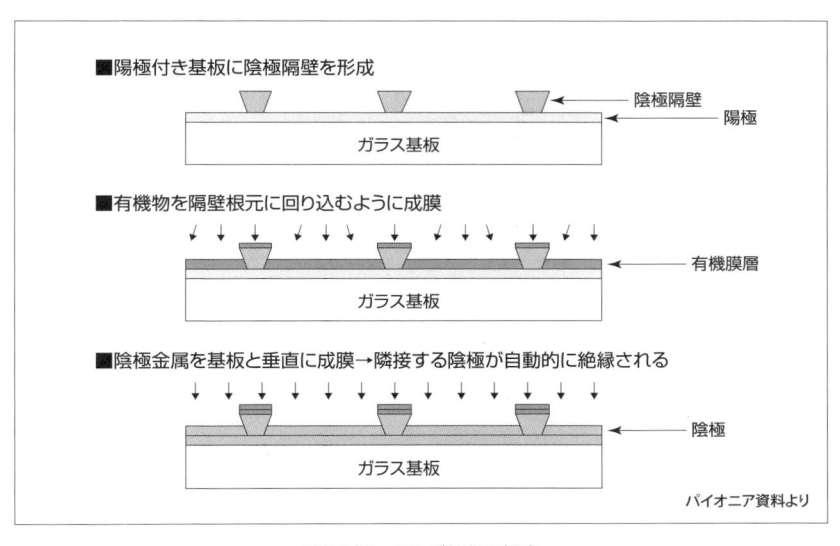

陰極パターニング行程の概念

スク）を使い、順次形成するが、ここで採用したのがモノカラーディスプレイで開発した陰極隔壁を陰極のパターニングだけでなく、有機膜塗り分け時のつき当て部材として使う方法だ。

　フルカラー有機ELディスプレイはパッシブマトリクス型からアクティブマトリクス型に移行しつつある。東北パイオニアではフルカラーのアクティブマトリクス型の試作モデルを発表し、そのための有機ELディスプレイ用TFT基板の製造販売を行なう合弁会社エルディスを東北パイオニア、半導体エネルギー研究所、シャープで設立した。シャープのLCD用TFT技術を使い、量産化を図るということだと思われたが、この事業化が難航した。

　東北パイオニアと半導体エネルギー研究所は半導体の量産技術を持たないということもあり、結局立ち上がらなかった。LCDのTFT

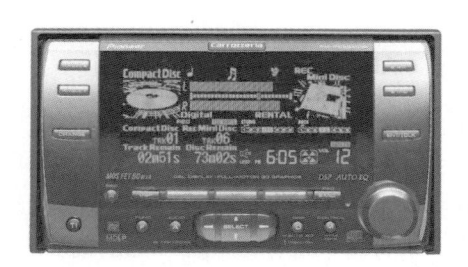

有機 EL ディスプレイ採用のパイオニアカーオーディオ　FH-P999MDR

　基板と較べると有機 EL は複雑で、そのまま使えるわけではない。三洋電機が低温ポリシリコン TFT アクティブマトリクス方式で難行したのも同じだ。そこで、2005 年にパイオニアはアクティブマトリクス型の有機 EL の事業化を断念した。
　だが、これは有機 EL からの撤退ではない。パッシブ型でパイオニアは黒字を計上しており、メイン用途のカーオーディオやカーナビ、携帯電話のサブパネルならパッシブ型で対応できる。ある程度の大型化も可能だし、TFT 基板を外部から購入することでアクティブマトリクス型を作ることもできる。パッシブマトリクス型の製造ノウハウは活きるのである。どのようなスタイルでアクティブマトリクス型に再参入するかだが、パイオニアは大型テレビを PDP に集約しているために、小型パネルでということになりそうだ。

■TDK はカラーフィルター方式

　カラーフィルター方式で先行しているのが TDK だ。カーオーディオ用ディスプレイで 2002 年に量産を始めている。TDK が有機 EL 材料の開発に着手したのは 1991 年頃。1996 年には長寿命発光構造技

第 8 章　量産に進んだパイオニア、TDK

術を開発。現在につながる長寿命白色素子構造の開発は 1998 年である。この技術は特長のある商品化につながるということで、製品化に進んだ。2000 年にはパッシブ型の白色モノカラー有機 EL ディスプレイがアルパインのカーオーディオに搭載されている。

有機 EL ディスプレイ事業化プロジェクトが発足したのは 1999 年で、実験ラインが作られている。この年には白色有機 EL の上にカラーフィルターを塗布して長寿命化する技術を開発。2002 年にはプリプロ（量産試作）ラインが完成している。

TDK は 1991 年に次世代ディスプレイとして注目され始めた有機 EL に着目し、取り組みを開始した。その理由は有機 EL は自発光で視野角が広い、高速応答に優れる、高輝度などの魅力を持っていたためだ。もうひとつ薄型軽量という良さもある。

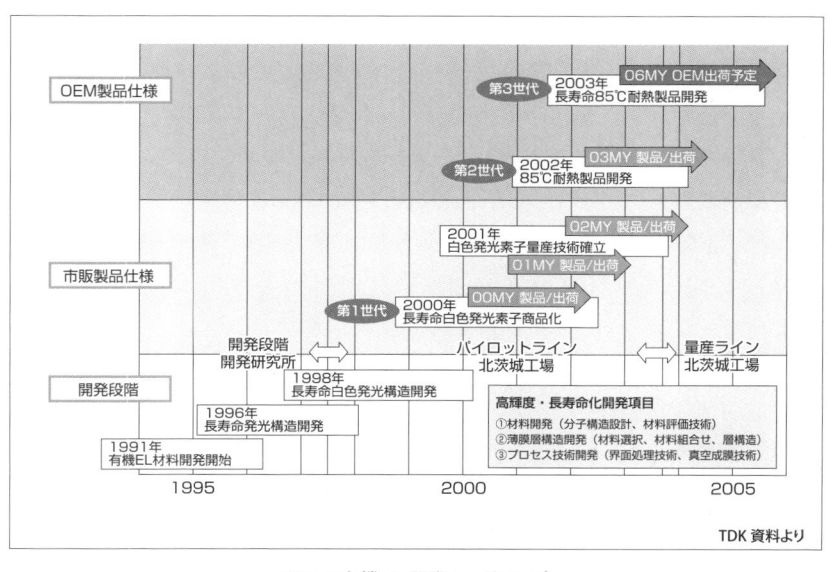

TDK の有機 EL 開発ロードマップ

当初は高輝度の白色発光が得られなかった。実験室レベルでは発光しても、量産化のレベルにならない。長寿命化という問題もある。それをクリアするのに時間を要した。だが、商品化につながる基本技術を確立してからの動きは速かった。

■特長は輝度半減寿命

　有機ELの最も単純な構造は有機層を電極ではさんだ単層構造である。これは各社がトライしていたが、非常に難しく、TDKはコダック社の積層構造に着目した。その上で研究開発を進め、コダック社から特許の実施権を得た。1990年代前半は各社がモノカラーの有機ELパネルの開発を進めていた時期である。TDKは白色を狙うのがポイントと考えた。白色を狙った理由はカラー化にカラーフィルターで対応できるためだ。発光効率が上がれば照明にも使えるのが白色発光である。

　ここで問題となるのが有機ELの輝度寿命特性である。輝度寿命特性は有機EL材料、有機EL薄膜積層構造、有機EL製造プロセスに大きく依存する。TDKは1991年から有機EL材料の開発を開始し、自社内で有機EL材料の分子構造設計から化学合成、デバイス評価まで行い、長寿命材料、薄膜積層構造、製造プロセスの開発に成功した。

　1998年の第一世代の白色発光有機EL素子では1/64パッシブ駆動で初期輝度が100cd/㎡、85度連続動作（点灯率50％）の輝度半減時間が2000時間だった。アルパインのカーオーディオに採用されたのはこの第一世代だが、2002年には第二世代の開発を行い。初期輝度120cd/㎡、輝度半減寿命6000時間と第一世代の約3倍に改善した。

第8章　量産に進んだパイオニア、TDK

　2004年に開発が完了した第三世代では同条件で輝度半減寿命が14,000時間以上と大幅に高まっている。クルマは温度環境など要求される条件が厳しい。そこでの14,000時間であり、室内での輝度半減寿命に換算すると50,000時間以上となる。LCDやPDPに匹敵するレベルになっているのだ。

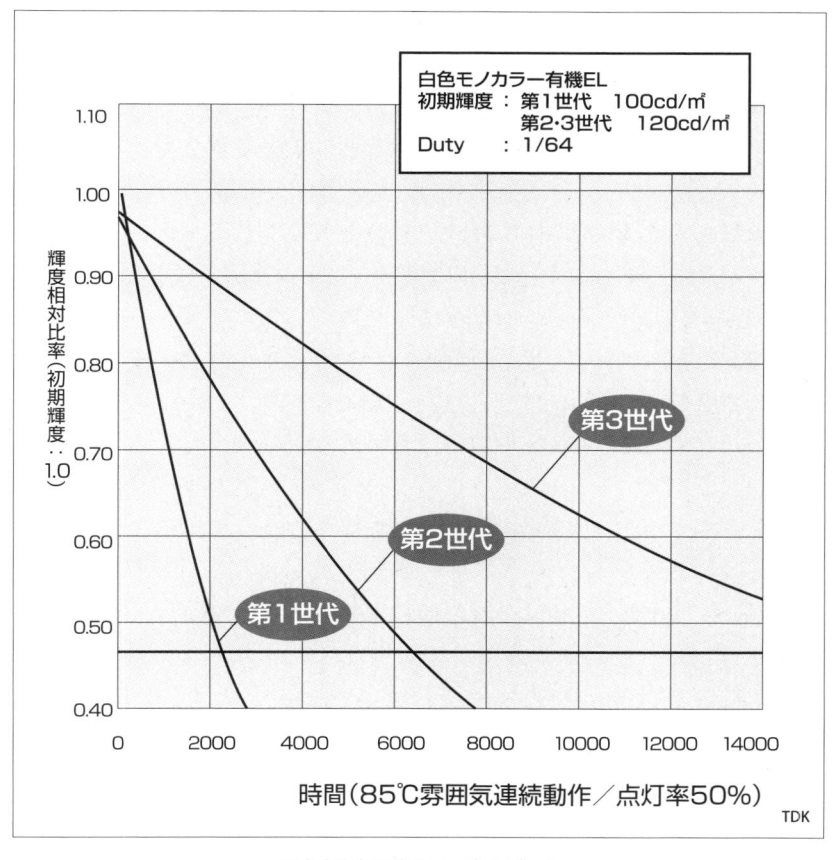

長寿命白色発光素子の寿命データ

■青＋黄の2層構造による混合発光

　最初は白色光を出すのが難しかった。TDKの白色発光は青＋黄の2層構造による混合発光。青と黄のバランスにより白色が変化する。こうした部分の微妙なチューニングが難しい。基礎技術の開発は有機EL現象が発見された時から始まっている。コダック社の発表により薄膜化することで高輝度発光することが分かったが、薄膜の形成、処理技術は確立されていなかった。

　実験室で数枚のパネルを作るならできるが、量産のためにはブレイクスルーが必要だった。有機ELの薄膜は0.1μm程度。ナノオーダーの世界である。その厚さで均一に薄膜を形成できるのか。製造装置やクリーンルーム内のゴミなどの影響もある。製造には1級のクリーンルームが必要だ。

　有機EL材料は水分、湿気に弱く、これをどう防ぐかも寿命に関係する。そのためには有機膜を封止（シール）しなければならない。この方法には金属缶を使う、フィルムを使うなどいろいろあるが、TDKではガラスでシールしている。基本的にTDKの有機ELは有機膜を含めて作り方が簡単なのが特長である。これはカラーフィルター方式のメリット、寿命である輝度半減寿命も最高レベルでカーオーディオやモバイル機器に使うには十分以上だ。

　用途は限られているが量産を始めているだけに、数多くのサンプルも提供している。採用メーカーが増えているということは有機ELの良さは理解されているということである。安定した供給と価格面がこれからの課題だ。有機材料だけでなく、より重要な製造技術の面でTDKが培ってきたノウハウが活きている。

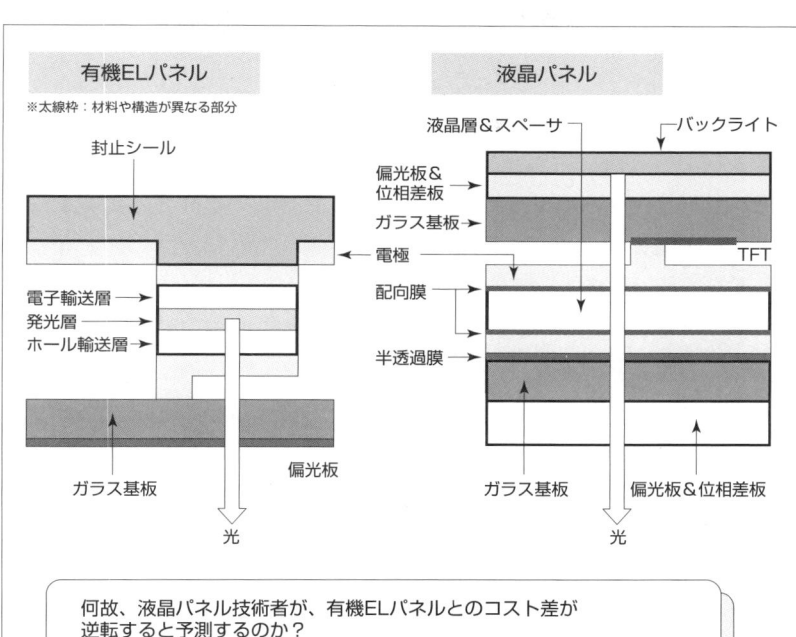

第8章　量産に進んだパイオニア、TDK

有機ELパネル
※太線枠：材料や構造が異なる部分

- 封止シール
- 電子輸送層
- 発光層
- ホール輸送層
- ガラス基板
- 偏光板
- 光

液晶パネル

- 液晶層＆スペーサ
- バックライト
- 偏光板＆位相差板
- ガラス基板
- 電極
- 配向膜
- TFT
- 半透過膜
- ガラス基板
- 偏光板＆位相差板
- 光

何故、液晶パネル技術者が、有機ELパネルとのコスト差が逆転すると予測するのか？

1. バックライトを使用しない。
   現状、原価の約10％がバックライトコスト
2. ガラス基板が1枚で済む。
3. パネル構造をシンプルに出来る。＜電子輸送層～ホール輸送層→蒸着での成膜＞
   液晶パネルの構造は完成領域に近い。＜液晶層→液晶封止＋配向膜＋スペーサー＞
   高輝度自発光・高速応答・高視野角という可能性を両立でき、CRT並みの特性を出す有機ELパネルに対し、LCDをそこまで向上させることは困難である。
4. 有機材料・駆動用IC等のコストが、量産規模の拡大に伴い、液晶並みに安くなる。
5. 有機ELパネルの封止工程は液晶パネルの封止工程に比べ極めて単純。

有機ELパネル ── 製造のプロセスがシンプル
LCDパネル ── 物理的に複数の基材で構成されている

TDK 資料より

有機 EL パネル vs 液晶パネル構造比較

■ フルカラー化と高精細化に有利な方式

　カラーフィルター方式はLCDに似ている。LCDはバックライトの上に光をスイッチングする液晶素子を載せているが、有機ELは自発光で階調を電流で制御できる。構造もシンプルだ。フルカラー有機ELでは3色独立画素方式がメインになっているが、カラーフィルター方式は発光層を微細パターニングで形成する必要がない。白色有機EL層の上にカラーフィルターを塗布するだけでいいのだ。
　経年変化で白の色が変わる可能性はあるが、メタルマスク（シャドーマスク）の位置合わせが不要で、カラーフィルターをLCDのように塗布すれば手軽にカラー化が図れる。高精細化への対応も同様だ。カラーフィルターはフォトレジストで塗布するが、この技術は進化しており、LCDなみ、またはそれ以上の高精細化も可能だ。
　有機ELを駆動するには駆動用のドライバーICが必要。これは以前は基本的な開発プロモートをして作ってもらっていたが、汎用・標準ドライバーICを使う方向にある。アクティブマトリクス方式ではポリシリコンTFTをガラス基板に作り込むが、カーオーディオ用などでは汎用ドライバーICを使えたらということだ。TDKは半導体エネルギー研究所と共同でアクティブマトリクス型の高精細度の限界にも挑戦している。だが、フルカラーに固執しているわけではない。モノカラー、エリアカラーのニーズもある。TDKはフルカラーの技術をベースに多彩なニーズに対応していくということだ。

第9章

方向は違うが最先端を行くソニーと出光興産

- ■ 2001年に13型のアクティブマトリクス方式を展示
- ■ TAC構造を採用。さらに進化
- ■ スーパートップエミッション
- ■ 有機膜形成にLIPSを採用
- ■ 出光興産は有機EL材料の生産工場を建設
- ■ フルカラー有機ELパネルを試作
- ■ CCMは出光興産のオリジナル技術
- ■ CCMを採用した富士電機
- ■ コントラスト比アップを実現
- ■ 低波長の光を高波長にシフト

■2001年に13型のアクティブマトリクス方式を展示

　ソニーは次世代ディスプレイに有機 EL と FED（Field Emission Display）を選んだ。LCD や PDP の次の世代にターゲットを絞ったのである。ソニーの動きが見え始めたのは 2001 年。2 月に TAC（Top emission Adaptive Current drive）を採用した低温ポリシリコン TFT 方式の 13 型アクティブマトリクス型有機 EL ディスプレイの開発を発表した。

　4 月には UDC 社（Universal Display Corporation）と高発光効率有機 EL ディスプレイの共同開発を行なうことで合意している。UDC は有機 EL の技術開発と自社およびプリンストン大学、南カリフォルニア大学が所有する有機 EL のライセンスビジネスを行なってい

有機 EL を使った AV システム

第9章　方向は違うが最先端を行くソニーと出光興産

る。UDC社が開発したリン光発光材料を用いた有機EL素子は緑色では従来方式の約4倍の発光効率を持つ。この共同開発で、UDCはソニーのデバイス構造に適した高効率・長寿命の低分子型リン光材料を開発。ソニーはその材料のデバイス化開発を担当。発光効率の向上と発光寿命の長時間化を目指すとしている。リン光発光では内部量子効率が理論的には100%となる。

その有機ELパネルが姿を現したのが2001年のCEATECだ。展示されたのは画素数800×600の低温ポリシリコンTFTを用いたアクティブマトリクス型有機ELディスプレイ。その当時では世界最大で、それ以上にスリムなスタイルと画質の良さが印象的で『有機ELのソニー』を印象づけた。

それ以降は2004年にPDAのCLIEにアクティブマトリクス型の3.8型フルカラー有機ELディスプレイを採用。ここで実質的に量産を始めた。2005年にはパッシブマトリクス型のフルカラー有機ELをウォークマンに搭載。2006年にはMP3プレーヤーに低温ポリシリコンTFTを使ったフルカラー有機ELディスプレイを採用した。

そして2007年のCESやDisplay 2007に27型が登場し、そこで一緒に展示されていた11型の発売予告となる。

■TAC構造を採用。さらに進化

CESで展示した27.3型の有機ELパネルはコントラスト比100万対1、色再現範囲はNTSC比で100%以上、テレビとした場合の厚みは10mmである。だが、奇をてらったことはしていない。従来からのソニーの技術の積み上げである。それでなければ11型の発売予告はできない。

ソニーの有機 EL の特長は大画面化、高輝度化、高精細化を可能とする TAC の採用である。TAC は電流書き込み方式画素回路とトップエミッション構造、中空部分のない薄型構造の 3 つ技術で構成されている。2007 年に展示した 27 型、11 型はコントラストに優れ、圧倒的な高画質を見せていたが、2004 年に量産した CLIE のパネルはそこまでの性能は得ていない。輝度は 150cd/㎡、コントラスト比 1000 対 1 である。

　高画質に寄与しているのがソニーのドライブ回路技術である。TFT 基板は LCD でも使われているが、有機 EL ではずっと複雑になる。以前は 2 つの TFT を使った電圧書き込み方式の画素回路を使っていた。この方法では全ての画素の駆動 TFT が均一でなく、画面に輝度ムラが生ずることがあった。それを 4 つの TFT による電流書き

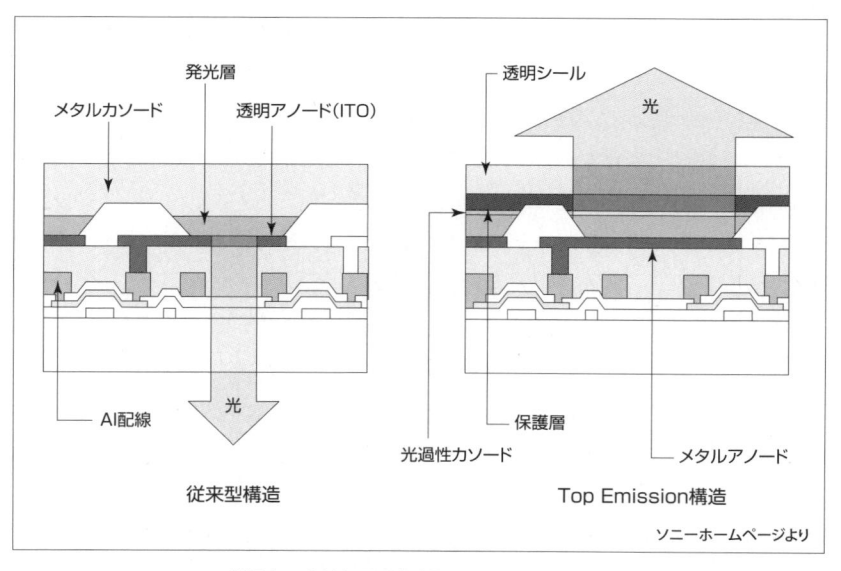

高輝度・高精細化に有利な Top Emission 構造

第9章　方向は違うが最先端を行くソニーと出光興産

込み型に変更して、輝度ムラを低減している。
　ソニーの有機 EL の最大の特長が光の取り出し側を従来と反対側にした構造、トップエミッション構造だ。一般的に有機 EL はガラス基板側から光を取り出していた（ボトムエミッション）。ガラス基板に透明電極である ITO 膜をつけ、発光した光をこの面から取り出していたのだ。アクティブマトリクス型では TFT 基板に EL 駆動用の画素回路が必要。それが取り出し光量を邪魔していた。封止基板側から光を取り出すトップエミッション構造では開口率が高く、高輝度化が可能。画素の微小化にも対応できる。

■スーパートップエミッション

　2004 年に CLIE に採用したパネルからスーパートップエミッションとなった。それ以前のトップエミッションパネルでは、パネル表面に外光反射を防ぐために円偏光板（位相差板と偏光フィルター）を設置していたため、EL 光量が半減してしまっていた。スーパートップエミッションではマイクロキャビティとカラーフィルターを採用。これにより外光反射を防ぐとともに色純度の向上も実現している。低消費電力化にもつながる。
　マイクロキャビティ構造をソニーの資料により簡単に説明すると、マイクロキャビティ構造というのは有機層の膜厚が RGB で異なる方式。RGB の各色の EL スペクトルピーク波長に陽極（アノード）と陰極（カソード）の電極間の光路長が合うように膜厚を選んでいる。カソード電極は半透明膜である。電極間の光路長と合致した光はカソード電極の半透過膜とアノード電極の反射膜の間で反射干渉を繰り返す（多重反射干渉）。それにより取り出される光のスペクトルが急峻

になり、色純度が向上する。

マイクロキャビティ構造でどうして外光反射を低減できるかというと、例えば緑の場合、有機膜の光路長をEL光の緑の波長に合わせると外光反射の緑成分はカットされ、緑のカラーフィルターにより緑以外の外光反射もカットされる。マイクロキャビティ構造とカラーフィルターを組み合わせることで、外光反射をほとんどカットでき、円偏光板を使うことなく、高いコントラストが得られるということだ。

封止も一般的にはCAN封止や周辺部を残して内側をえぐったガラス基板が使われているが、スーパートップエミッションパネルでは樹脂封止を採用。封止プロセスによる有機層へのダメージ問題を解決している。また、これは衝撃に強い完全固体構造となっている。ソニーはこの他にも白色発光のEL膜を使い、RGBの色選別をカラーフィルターで行なう、マイクロキャビティ構造のカラーフィルター色選別EL方式を開発している。

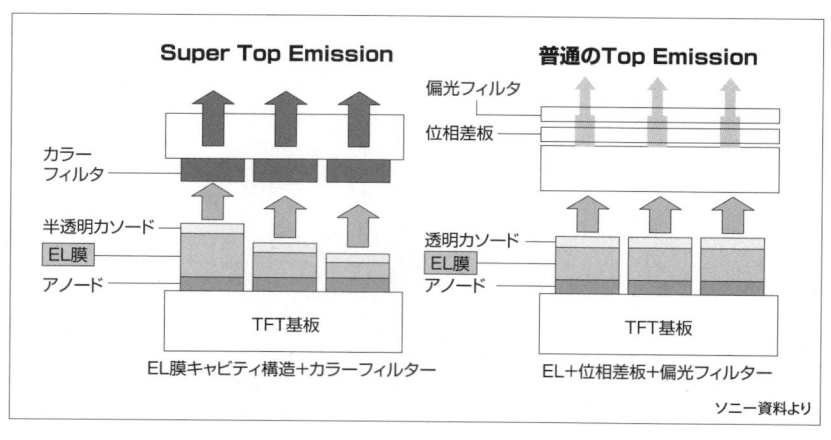

有機EL膜構造

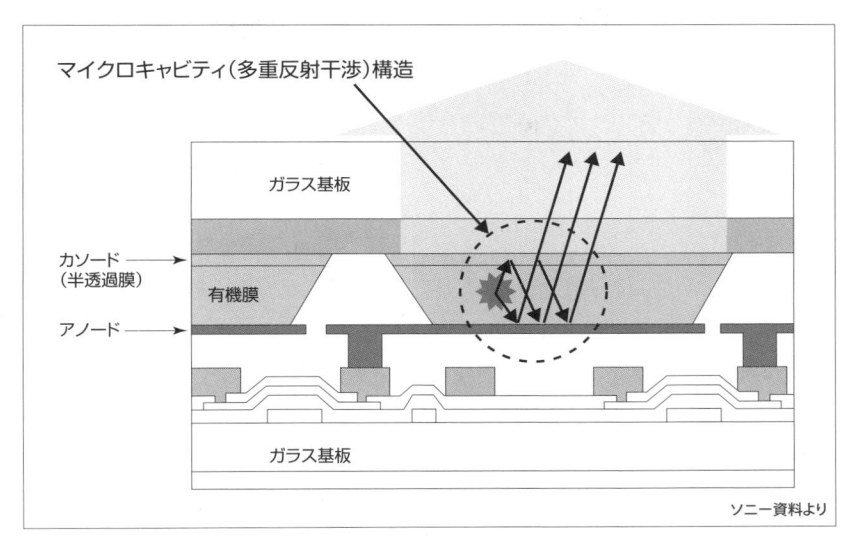

第9章 方向は違うが最先端を行くソニーと出光興産

マイクロキャビティ(多重反射干渉)構造

ガラス基板

カソード
(半透過膜)

有機膜

アノード

ガラス基板

ソニー資料より

マイクロキャビティ構造とスペクトルの急峻化

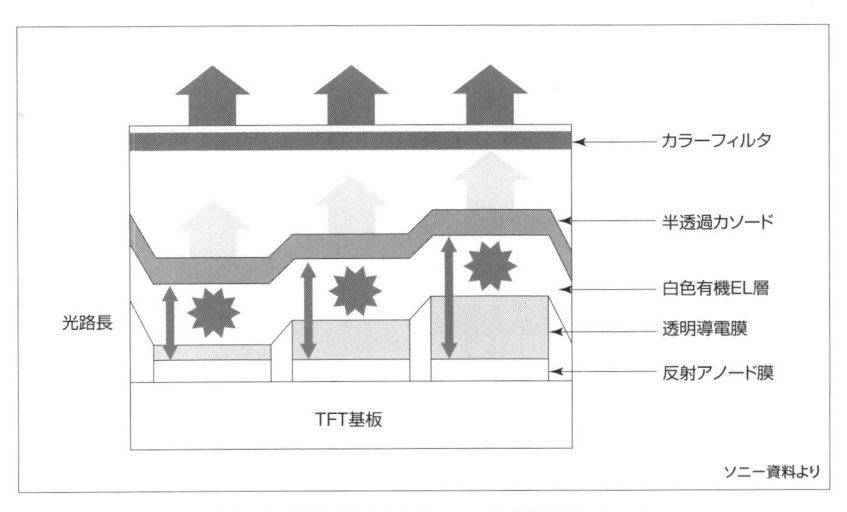

カラーフィルタ

半透過カソード

白色有機EL層

透明導電膜

反射アノード膜

光路長

TFT基板

ソニー資料より

マイクロキャビティ構造のカラーフィルタ色選別白EL方式

■ 有機膜形成に LIPS を採用

　スーパートップエミッションは 2004 年に発売した CLIO で採用しているが、2007 年に発表した 27 型も基本的には同じ構造で、カラーフィルターと発光層の厚みを調整することで、発色のチューニングをしている。27 型と大型化しているが、低分子型である。これは低分子型は真空中で有機層を形成するため、水や酸素などの劣化の原因となるものを避けることができるためである。

　低分子型の 3 色独立画素方式ではシャドーマスクを使った蒸着によるパターニングが普通だが、ここでは有機膜の形成に LIPS（Laser Indused Pattern wise Sublimation）を採用している。これはガラス基板全面に発光材料を塗布し、このドナー基板の RGB を発色する成膜部分にレーザー光を照射してマスクを使うことなくパターニング

27 型有機 EL　　ソニー

第9章　方向は違うが最先端を行くソニーと出光興産

するというもの。これによりシャドーマスクの歪みによるパターン精度の低下を防いでいる。正孔輸送性材料や電子輸送性材料のなどのパターニングが不要で一面塗布する有機材料の形成は蒸着だ。11型は全ての有機材料を蒸着で塗布している。

　TFTではdLTA(diode laser thermal anneal)と呼ぶレーザーダイオードを使ったラピッド・サーマルアニール処理により結晶性を高めている。

■出光興産は有機EL材料の生産工場を建設

　有機材料メーカーということで地味な存在ながら、一番元気があり、有機ELをリードしているのが出光興産だ。ソニー、TDKなど、多くの有機ELメーカーとライセンス契約やクロスライセンス契約を結び、UDCや大日本印刷などとは共同開発をしている。出光興産を語らずして有機ELを語れないといえるほどだ。2006年には有機EL材料の量産工場を建設した。発光材料だけでなく、輸送層など有機材料全般を生産する。

　出光興産は1997年に世界初の5型、10型のフルカラー有機ELディスプレイを試作発表しているが、デバイスメーカーではなく、石油化学をベースにした材料メーカーである。これまでは材料の生産は国内の化学メーカーに依頼してきたが、安定供給できるように自社工場を建設したのである。

　1985年頃に将来技術のシーズをということで、中央研究所で光関係、エレクトロニクス関係などの調査、研究を始めた。その当時は青く光る発光デバイスがなかった。そこで、最初から青をターゲットに開発を行い、無機では難しいなら有機でとアプローチを始めた。

色変換方式のカラー有機 EL パネル　　出光興産

　有機素材や扱い方は石油や石油化学の技術をグループとして持っているので、分子設計技術、合成技術のノウハウを切り口にして世の中にない青発光デバイスが作れないかと考えた。各社、有機材料の純度の管理や封止技術などの周辺技術で試行錯誤していた時期だ。
　研究の中で出光興産が蛍光材料の中で青く光る素材を見つけたのが 1993 年である。それからはよりよい材料を探す技術開発とデバイスの性能を向上させる技術開発を並行して行なった。材料メーカーではあるが、その材料の性能を引き出せるかを試すためにデバイス技術も一緒に確立せざるを得なかった。

■ フルカラー有機 EL パネルを試作

　1990 年代にはディスプレイメーカーでもないのに、ということで基礎研究や先行きの見えない有機 EL の開発には逆風もあったようだ。だが、研究者の強い思いなどもあり、有機 EL の研究は続けられた。

第9章　方向は違うが最先端を行くソニーと出光興産

　1995年頃からは有機EL材料を積極的に電機メーカーに持っていき、市場開発を始めた。これはデバイスメーカーと一緒に開発を行なわないと技術が仕上がらないだろうということでもあった。その中で1997年に色変換方式のフルカラー有機ELパネルを試作、発表した。色変換方式（CCM）の原理特許は出光興産が持っている。

　どうして材料メーカーがディスプレイを作ったかというと、その頃は有機ELが知られていなかったためである。原理原則はよくても、ディスプレイは見てもらわなければ、良さを理解してもらえない。出光興産が作ったディスプレイは業界に強いインパクトを与えた。この1997年はパイオニアがモノカラー有機ELの商品化を行なった年である。

　出光興産は青色からスタートし、その性能向上を図ったが、その他の機能材料についても独自の技術開発を行なっている。2000年に

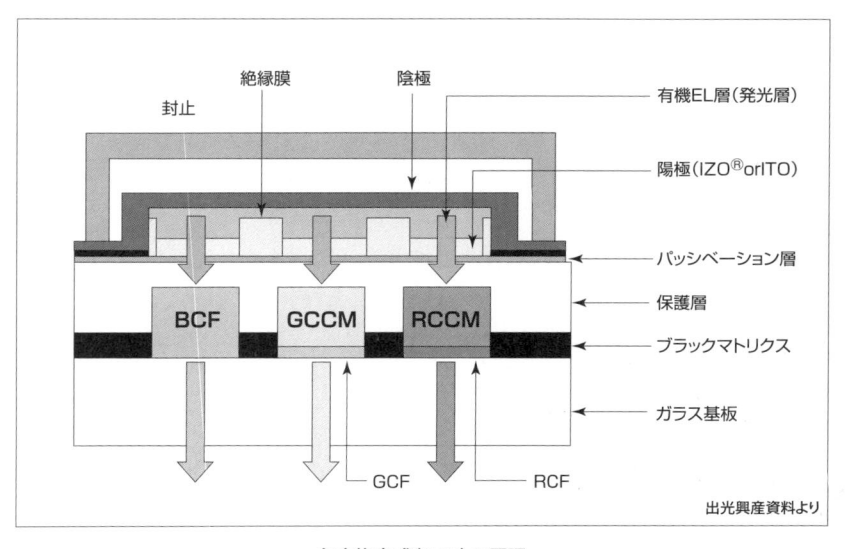

色変換方式（CCM）の原理

は石油産業活性化センターの開発テーマとして、橙色の高性能な材料を開発。それと出光興産の青色材料と組み合わせて高効率、長寿命の白色材料を開発している。他社とのクロスライセンスも積極的で材料を提供するだけでなく、一緒になって開発を進める姿勢だ。ここにディスプレイまで作った技術の蓄積が活きている。

■CCMは出光興産のオリジナル技術

出光興産は材料メーカーでありながら、カラー化方式では色変換法式を提案している。1997年に試作したフルカラーパネルも色変換法である。3色独立画素方式はRGBの有機層を別々に蒸着形成しな

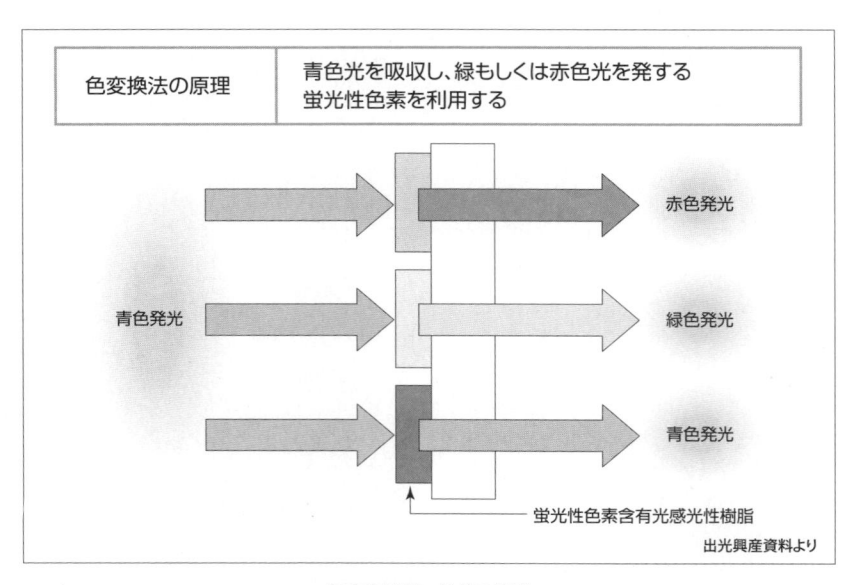

色変換法の原理　青色光を吸収し、緑もしくは赤色光を発する蛍光性色素を利用する

青色発光 → 赤色発光
　　　　 → 緑色発光
　　　　 → 青色発光

蛍光性色素含有光感光性樹脂

出光興産資料より

色変換材料・技術の開発

第9章　方向は違うが最先端を行くソニーと出光興産

ければならない。小型のパネルなら対応できるが、大きくなると難しくなる。量産化も同じだ。

　具体的にはシャドーマスク（メタルマスク）の目詰まりや、位置合わせ精度、変形などだ。蒸着装置が大がかりになるということもある。RGB の層を形成するには、3 回の蒸着工程が必要。発光材料との位置関係から、発光材料までの距離を長くする必要がある。CCM（Coler Changing Media）方式は発光層とカラー化の部分を別にしている。発光層は蒸着で形成するが、青色または白色の膜を蒸着するだけ。蒸着工程が少なく、膜厚をコントロールするだけで良く、大型化への対応は比較的楽だ。

　CCM では有機 EL 自体は青色を発光する。その青色を蛍光性色素含有感光性樹脂を使って赤と緑と青の RGB に変換する。LCD はカ

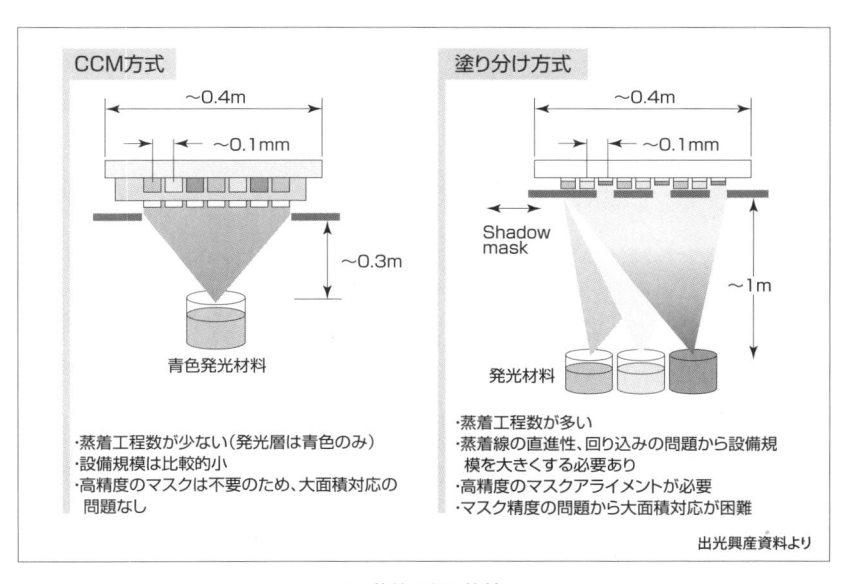

EL 蒸着工程の比較

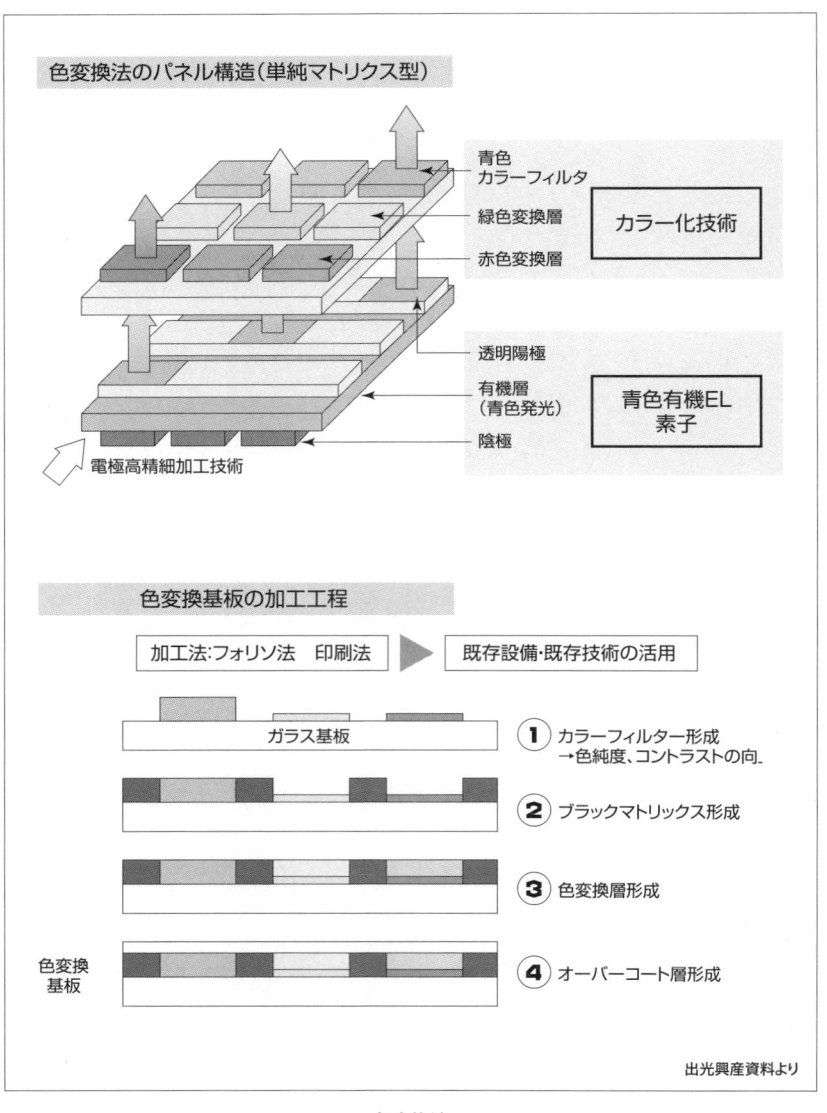

色変換法のパネル構造(単純マトリクス型)

- 青色カラーフィルタ
- 緑色変換層
- 赤色変換層
- 透明陽極
- 有機層(青色発光)
- 陰極

カラー化技術

青色有機EL素子

電極高精細加工技術

色変換基板の加工工程

加工法:フォトリソ法　印刷法 ▶ 既存設備・既存技術の活用

ガラス基板

1. カラーフィルター形成
→色純度、コントラストの向上
2. ブラックマトリックス形成
3. 色変換層形成
4. オーバーコート層形成

色変換基板

出光興産資料より

色変換法

第9章　方向は違うが最先端を行くソニーと出光興産

ラー表示のためにカラーフィルターを使っている。有機ELにもカラーフィルター方式があるが、CCMはカラーフィルターではなく、蛍光性色素で波長変換する。カラーフィルターは不要な波長をカットしてRGBにするが、CCMでは無い色を蛍光性色素で出すので効率が高い。実際にはカラーフィルターも使っているが、これは外光の影響を低減し、コントラストを上げるためだ。

CCMは色再現範囲を広く取れる。だが、広くし過ぎると輝度に影響するのでバランスをとっている。色純度が確保できる方式でもある。3色独立画素方式と異なり、金属電極による反射がないので円偏光フィルターを使わずに、3色独立画素方式と遜色のない輝度が得られる。全面均一発光なので、発光層の劣化も均一。色ズレがおきにくいというメリットもある。

出光興産はほとんどの有機ELメーカー、開発メーカーに有機材料を提供しており、色変換方式のCCMの特許も持つ。だが、自らはパネルを製造することなく、有機層やその他の材料開発と提供を行なうだけだ。有機EL業界における縁の下の力持ち的な役割に徹している。

■CCMを採用した富士電機

CCMを採用したのが富士電機だ。富士電機ではCCMをColor Conversion Materials方式と呼んでいる。富士電機は15年以上前から有機材料を使ったコピー機を製品化。感光ドラムなどを製造していた。また、半導体やディスプレイのドライバICなどにも実績がある。材料技術もデバイス技術も蓄積していた

その技術をベースに有機ELに取り組んだ。富士電機にとって新

しい事業だが、ディスプレイは大きな市場であり、有機 EL というデバイスでの新たなチャレンジである。当初は無機 EL と有機 EL の開発を並行して行なったが、無機 EL はうまく行かないということで有機 EL に一本化した。

カラー化方式は最初から色変換方式を採用した。OPC の材料などで出光興産とつきあいがあり、出光興産は色変換の CCM を提唱していた。色変換方式の CCM も基本的な部分ではコダックの特許を使うが、コダックとは違う方式でフルカラー化にチャレンジしようということである。その当時は CCM は注目されていなかった。

2002 年にフルカラーディスプレイを発表。CCM 方式で技術発表をしているのは富士電機と米 eMagin 社。eMagin 社はマイクロディ

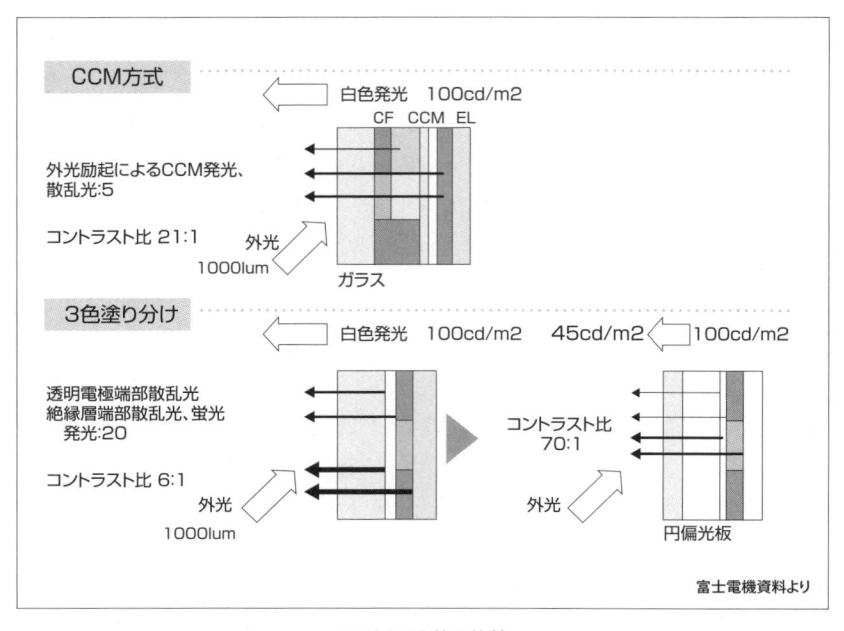

```
CCM方式
         ← 白色発光 100cd/m2
              CF CCM EL
外光励起によるCCM発光、
散乱光:5
コントラスト比 21:1   外光
         1000lum
              ガラス

3色塗り分け
         ← 白色発光 100cd/m2   45cd/m2 ← 100cd/m2
透明電極端部散乱光
絶縁層端部散乱光、蛍光
  発光:20
                         コントラスト比
コントラスト比 6:1                70:1
             外光              外光
         1000lum              円偏光板

                                    富士電機資料より
```

コントラスト比の比較

第9章　方向は違うが最先端を行くソニーと出光興産

スプレイの開発を進めており、これはミクロンオーダーの画素になるので3色独立画素方式では作ることができない。必然的にCCMになる。

■コントラスト比アップを実現

　CCMは低発光効率と色変換層が必要なために工程が増えることが欠点といわれてきた。その課題を克服したのが富士電機である。3色独立画素方式は外部光の影響を抑えてコントラストを上げるために円偏光フィルターを付けるのが普通だ。これで実際の輝度は半分以下になってしまう。

　ディスプレイにはエネルギー変換効率とコントラストの両方が要求される。富士電機がその両方のバランスの面でベストと考えたのがCCMだ。そのCCMも改善を図ってコントラスト比を倍以上に上げた。

　これらを可能とした技術開発は次のようなものである。

1　キャリアバランスの改善　積層構造における各層の寿命、効率に与える影響を調査、電子輸送層、発光層（ドーパント濃度）の重要性大、電子輸送層中への正孔電流の注入は寿命を大きく左右
2　陽極電極の表面付着、内部微量水分、凹凸、パーティクル密度がリーク、絶縁破壊、DSの原因
3　大電流時の発光効率改善　PM駆動においては大きな瞬間電流、輝度が必要、寿命試験、発光効率の点で大電流時の効率が大問題、大電流時に効率の低下が起こる機構を推定し改善
4　コントラスト低下の原因を追求し、外部光照射による蛍光発光の問題と画素端、CCM　CFの散乱光の問題を明確にし改善、発光・

色変換方式有機 EL ディスプレイ

色変換方式ではフルカラー表示も可能

富士電機

変換・CF のスペクトルの最適化を実施

　カラー化の方式に関係なく、有機 EL では太陽光などの外光がデバイスに入ると有機層が光のエネルギーで発光してしまい、コントラストを下げる要因となる。黒であるべき部分が外光で蛍光発光をしてしまうのである。LCD よりは有利だが、外光による自発光もコントラストに影響する。有機材料の発光層の色素やカラーフィルターの顔料などの粒子も光を散乱させてコントラストに影響する。これらの対策も富士電機では行なっている。

第9章　方向は違うが最先端を行くソニーと出光興産

■低波長の光を高波長にシフト

　3色独立画素方式ではRGBの中で発光効率が低いものに合わせている。またRGBは輝度劣化特性が異なり、色バランスが変わる。CCMでは青色の発光層を使うために、効率のいい色を使うことができる。富士電機ではブルーグリーンを使っている。パッシブマトリクス型では方式から瞬間輝度を上げる必要があるが、高電流密度での電流効率が高い方法をデバイス構造と材料で実現しているのだ。
　色変換方式のCCMでは、青色発光を色変換層でRGBに変換している。色変換層も有機材料に色素をドーピングしている。その層に光を当てると、光のエネルギーを受けて波長を長波長側に変換することができる。富士電機の有機ELは有機発光層と有機色変換層で

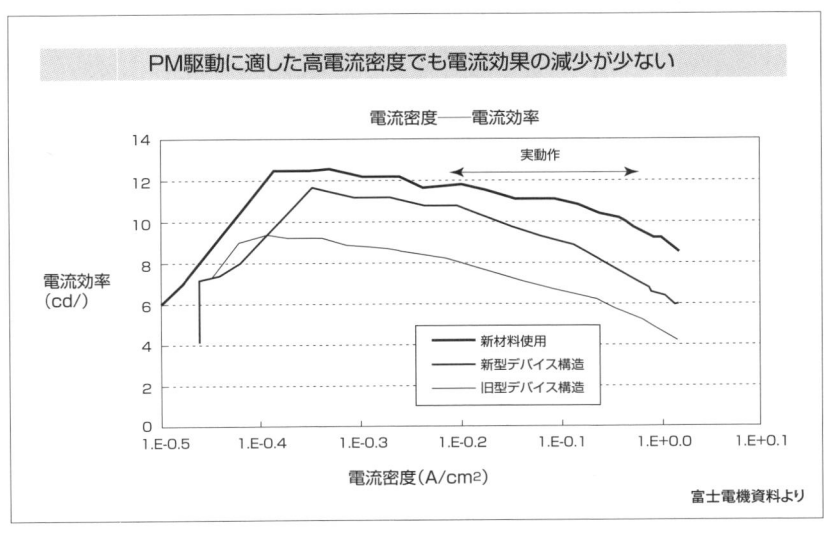

PM駆動に適した高電流密度でも電流効果の減少が少ない

電流密度――電流効率

凡例：
- 新材料使用
- 新型デバイス構造
- 旧型デバイス構造

縦軸：電流効率（cd/）
横軸：電流密度（A/cm²）

富士電機資料より

電流密度と発光効率の関係

構成。発光層は単色の有機多層蒸着膜で、色変換層は透過性媒体に蛍光色素を分散させたもの。色素の光吸収と発光におけるストークスシフト法則を利用して、低波長の光を高波長にシフトさせているのだ。

　CCM の色変換層では青色の光を入れて、赤色の光を取り出すことができる。膜の形成はフォトプロセスで半導体と同じ。微細加工が可能だ。大型では LCD のカラーフィルターの工程が応用できる。色変換方式は層により機能分離が図られているのが特長。発光層で青色などの特定の色を発光して、色変換層で色を変換して、カラーフィルターで色の純度を上げる。カラーフィルターは外光をカットする役目も果たす。現在は赤を出すにはブルーグリーンから黄、橙、そして赤へと波長変換をしている。

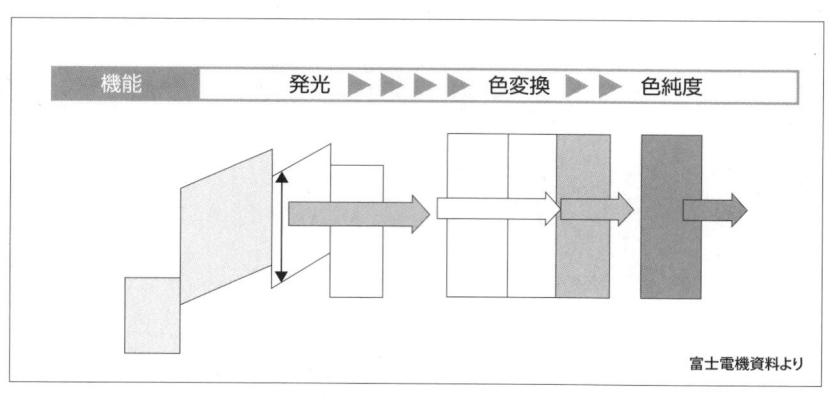

富士電機資料より

色変換法の機能分離

第10章

TMD（東芝松下ディスプレイテクノロジー）とエプソンは高分子系

- ■ 2009年に有機ELテレビを市場投入
- ■ TMDは低分子、高分子の2面作戦
- ■ TMDが持つ高い潜在能力
- ■大型パネルを目指すセイコーエプソン
- ■独自のTFT構造を採用

■2009 年に有機 EL テレビを市場投入

　2007 年 4 月 9 日、Display2007 の直前にソニーが 27 型有機 EL ディスプレイの発表を行なった。同じ日に TMD（東芝松下ディスプレイテクノロジー）も有機 EL ディスプレイの開発発表をしている。低温ポリシリコン TFT の 21（20.8）型高分子型だ。TMD は 2001 年に 17 型の高分子型を開発、2002 年の CEATEC で展示している。基本的な技術は同じだが、21 型と画面サイズが大きくなった。東芝はこの技術を使ったテレビを 2009 年に市場投入するという。

　これは低温ポリシリコン TFT を用いた高分子型有機 EL としては世界最大画面。RGB の 3 色発光層にはインクジェット方式による塗り分けプロセスを採用している。蒸着製法の低分子型は大型化が難

TMD の 21 型有機 EL テレビ

第10章　TMD（東芝松下ディスプレイテクノロジー）とエプソンは高分子系

しいが、インクジェットによる塗布で成膜できる高分子型は大型化に対応できる。

　また、これはソニーのモデルと同じくトップエミッション構造を採用している。ナノサイズレベルでの光取り出し構造を各画素内に付加し、発光層から光を外部に取り出す効率を改善。高輝度化、低消費電力化を実現。画素数は 1280 × 768 の WXGA だ。

　TMD は低温ポリシリコン TFT で世界ナンバーワンの技術を有しており、有機 EL の量産技術も確立している。携帯電話やモバイル機器向けに 2〜3.5 型有機 EL を開発。3.5 型は量産を行なっている。

■TMD は低分子、高分子の 2 面作戦

　TMD は 2001 年に設立された東芝と松下電器の合弁会社で低温ポリシリコン TFT、アモルファスシリコン TFT、STN 液晶、有機 EL の開発、製造、販売を行なっている。有機 EL でいえば東芝は高分子系の開発を行なってきており、松下電器は低分子系。両方式の開発を並行して行なってきたこともあり、一本化するという絞り込みはしていない。

　現時点で量産されている有機 EL はモノカラーやエリアカラーが多く、フルカラーはまだ少ない。TMD はフルカラーでなければと考えており、そのためのベースとなる技術に LCD で培った技術、東芝の低温ポリシリコン TFT 技術が必須になる。

　有機 EL にはパッシブマトリクス型とアクティブマトリクス型があるが、パッシブマトリクス型は高い電圧が必要で寿命の問題からもアクティブマトリクス型がメインとなり、再現性の面でも優れる。TFT の方式にはアモルファスシリコンとポリシリコンがある。アモ

ルファスシリコンはLCDには最適だが、有機ELで画素を小さくすると必要な電流を流せないため、高精細パネルではポリシリコンが有利だ。

　有機層の形成は高分子系ではインクジェット法が使え、低分子系では蒸着になる。ここでネックとなっているのが材料で、パソコンモニターや携帯電話では固定パターン焼き付けが出やすく、フルカラーでは少しでも部分的に色が変わると色ムラとなってしまう。材料や調整機能を加えることでフルカラーでのRGBのバランスをとることができる。

■TMDが持つ高い潜在能力

　TMDは低分子系と高分子系の両方の有機ELを開発をしている。最近は両方式共に材料の性能が高まっている。だが、TMDはインクジェット法が使え、大画面化に対応でき、製造しやすい高分子系をメインとした。2002年に展示した17型も2007年の21型も、量産をしている3.5型も高分子型だ。有機材料は高価だが、これはLCDも同じことで、TMDでは低温ポリシリコンTFTを使ったLCD製造技術は確立している。

　材料でいえば、有機ELは有機層はナノオーダーの薄膜なので実際に使う材料は少ない。だが蒸着では蒸着装置の内側全体に材料が付着する。回収して再利用するとはいえ、その分のロスは少なくない。材料コストは問題にならないレベルだが、低分子系の蒸着製法は効率が悪い。高分子系は必要部分だけ塗布するインクジェット法が使えるので効率は良くなる。蒸着製法の低分子系と較べるとコスト的に有利なのが高分子系なのだ。

第10章　TMD（東芝松下ディスプレイテクノロジー）とエプソンは高分子系

TMDの17型XGAワイドディスプレイ

　インクジェット法が使えるのはなんといってもメリットだ。試作ではあるが、2002年の17型、そして2007年の21型を可能としたのはインクジェット法の採用。メタルマスクを使う低分子系と違い、マスクずれなどは発生しない。東芝は2009年の市場投入を予告した。20型代と思われるが、画面サイズを大きくすると相応の電流を流さなければならない。新しい技術開発も進んでいると思われる。技術的な潜在能力は高い。東芝の決断次第だ。

■大型パネルを目指すセイコーエプソン

　有機ELにはコダック社が基本特許を持っていた低分子系とCDT（ケンブリッジ・ディスプレーテクノロジー）が基本特許を持つ高分子系がある。ともに有機発光層は薄膜だが、低分子系は蒸着で形成しなければならない。それに対して高分子系は塗布形成することが

可能だ。

　塗布の方式で注目されているのが家庭用カラープリンターでも使われているインクジェット法だ。高分子系は発光ポリマーを大面積でも簡単にパターニングすることができるのが特長。セイコーエプソンはCDTが開発した高分子材料を使い、アクティブマトリクス型有機ELディスプレイを開発。2.1型、12.5型に続き2004年には40型を開発している。40型は20型パネルを4枚貼り合わせたものだ。

　高分子系の有機材料は寿命などの点で課題は残されているが、加工が自由にでき、耐熱性や強度に優れ、3V程度の低い電圧で発光するなどの良さを持つ。低分子系は有機膜を蒸着で形成するが、高分子系はスピンコーティング法などの塗布で形成することが可能。大面積に簡単に塗布できる良さはあるが、この方法では単色のディスプレイしかできなかった。そこでプリンター技術を使い、微細パター

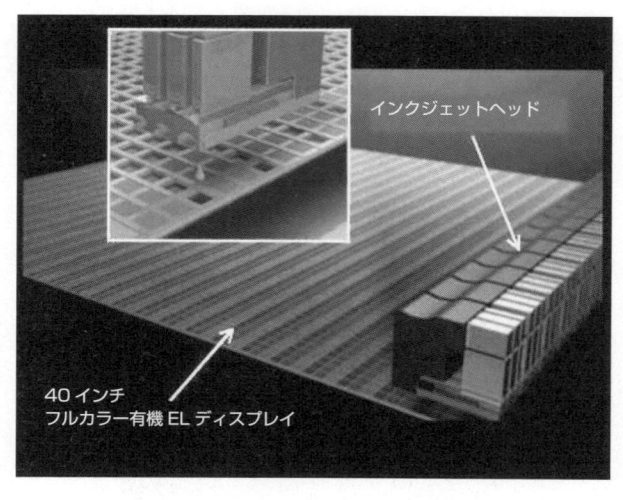

セイコーエプソンのインクジェット法

第10章　TMD（東芝松下ディスプレイテクノロジー）とエプソンは高分子系

ニングを可能としたのがセイコーエプソンのインクジェット法によるフルカラー有機 EL である。

■独自の TFT 構造を採用

　インクジェット法には連続的にインクを吐出するコンティニアス方式と選択的にインクを吐出するオンデマンド方式がある。パソコン用プリンターで使われているのはオンデマンド方式である。セイコーエプソンはプリンター用に、高画質を可能とするためにピエゾ素子を使ったオンデマンド方式を採用してきた。工業生産用途にもインクジェット方式が使われている。そうした技術をベースにイン

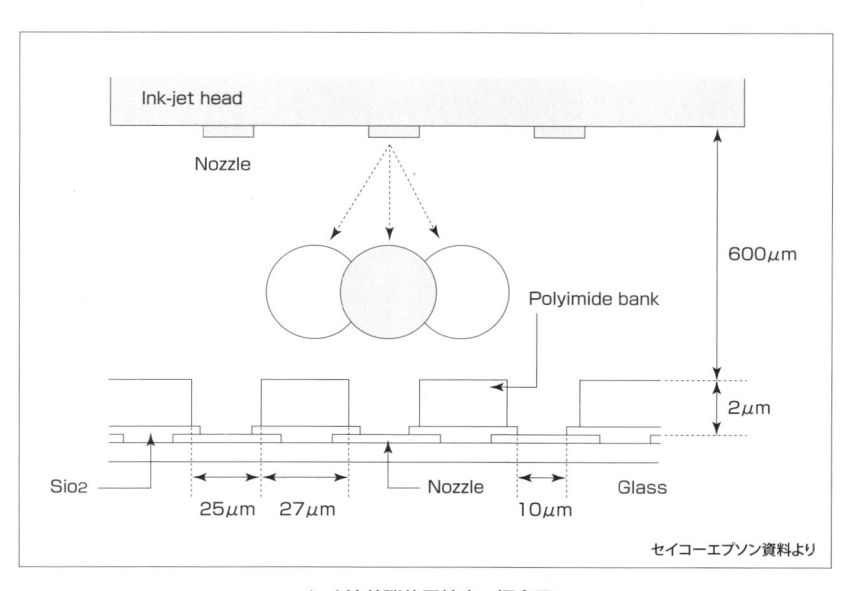

インク滴着弾位置精度の概念図

クジェット方式を使い、発光高分子材料のパターニングを可能としたのだ。

　有機 EL のドライブにはアクティブマトリクス方式を採用。反応の速い低温ポリシリコン TFT を使っている。モノカラー有機 EL パネルは 1998 年に CDT とセイコーエプソンが技術発表。TFT 駆動の良さは陰極をパターニングする必要がなく、高精細化に対応できることである。ただ、TFT 特性により発光ムラが生ずることがあるが、これについては技術的に解決されている。

　セイコーエプソンでは円形のサブピクセルで構成した TFT 構造の採用で、TFT 特性のバラツキを無視できるレベルにした。インクジェット法によるフルカラー有機 EL は大画面化が可能なだけに期待は大きい。LCD よりも構造が簡単なことから、原理的には LCD の 1/2 から 2/3 程度の価格が可能になるという。

セイコーエプソンの 40 インチフルカラー有機 EL ディスプレイ試作機

第11章

FPDの技術と現状 その1

- ■ディスプレイの種類
- ■FPDの役割
- ■メディアの統合とこれからの方向性
- ■LCDを育てたのは日本の技術
- ■TN型からスタート
- ■テレビ用に画質が進化
- ■LCDの画素ドライブ方式
- ■低温ポリシリコンTFTとアモルファスシリコンTFT

■ディスプレイの種類

現代生活に欠くことができないのがディスプレイだ。少し前まではディスプレイといえばカラーテレビやパソコンモニターに使われていたCRT（ブラウン管）であった。CRTは100年を超える歴史を持つが、最近主流になったFPDは開発の歴史を含めてもわずかに四半世紀ほどだ。それもカラー化して、実用化したのは1990年代。FPDはその薄型構造を武器にCRTとは違う新しい用途を開発。小型ディスプレイを可能とした。

初期のFPDはセグメント表示だった。これは電卓やAV機器、カメラ、株式表示板などに使われ、マトリクス表示になるとポータブルテレビやATMなどの銀行端末、POS、案内標識などに広がる。

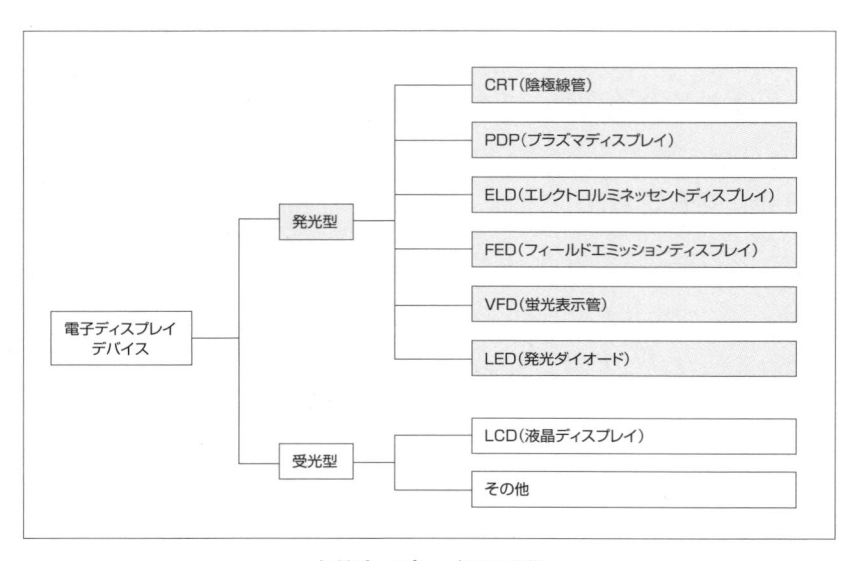

```
電子ディスプレイデバイス
├─ 発光型
│   ├─ CRT（陰極線管）
│   ├─ PDP（プラズマディスプレイ）
│   ├─ ELD（エレクトロルミネッセントディスプレイ）
│   ├─ FED（フィールドエミッションディスプレイ）
│   ├─ VFD（蛍光表示管）
│   └─ LED（発光ダイオード）
└─ 受光型
    ├─ LCD（液晶ディスプレイ）
    └─ その他
```

各種ディスプレイ素子の分類

第 11 章　FPD の技術と現状　その1

　FPD では LCD、PDP、VFD、EL、FED などが実用化、または実用化されようとしている。

　FPD の中で先行したのが LCD だ。LCD は自発光ではないのでバックライトが必要だが、フルカラー化が可能で、弱点と言われていた視野角の狭さや応答速度も改善されている。1990 年代まではデータ表示用だったが、いまやテレビに使える実力を備えた。それに続いたのが PDP である。これはもともと方式から大画面用として開発され、低価格化も進んでいる。以前は小型パネルは LCD、大型は PDP と分けられていたが、LCD は大型パネルにまで進出している。

　FED は 5～6 型程度の小型サイズを中心に開発が進められ、計測機器や航空機、工場などのディスプレイ、カーナビゲーション用などに使用。大型パネルの開発も行なわれている。SED も FED の一種だ。有機 EL は量産が行なわれているが、フルカラー化と大型化、寿命が課題として残っている。LED は 1996 年に日亜化学工業が青色 LED を開発し、高画質で大画面のフルカラー表示が可能になった。屋外の巨大ディスプレイにも使われている。

■FPD の役割

　インターフェースの視点からもう少し細かく FPD の動きを見ていこう。ディスプレイは大きく 4 つに分類することができる。携帯電話や PDA、ポータブル AV プレーヤーなどの携帯型（モバイル）と家庭用テレビが代表の置き型、より大画面の壁掛けや壁寄せ型、スタジアムなどで使う壁面型である。画面サイズでいえば、携帯型は 6 型程度までで、置き型は 50 型、壁掛け型は 100 型、それ以上のサイズは壁面型となる。

このようにサイズで分類するとそれぞれのターゲットと役割が明確になる。携帯型はパーソナルで、置き型はファミリー、壁掛け型はホームシアターや業務用でグループ、壁面型はマス（大衆）だ。ディスプレイが表示する内容には文字や静止画グラフィックなどのデータ情報とテレビやビデオなどの映像があるが、携帯型は従来はデータ情報表示であった。ディスプレイが小さく、そこに表示する情報も少なかった。見えれば、読めれば良かったのだが、写真メールや動画メールの登場で画質や動画対応画質が求められるようになった。そこにデジタルテレビ放送のワンセグが加わる。
　CRTが受け持っていたのが置き型だ。リビングに置かれるテレビでは動画を美しく、リアルに表示することが求められる。動画再生ではCRTに一日の長があったが、FPDも性能が向上している。ということで、LCDやPDPが主流になった。また、FPDのひとつとして薄型化が進むリアプロジェクションテレビもある。大画面ニー

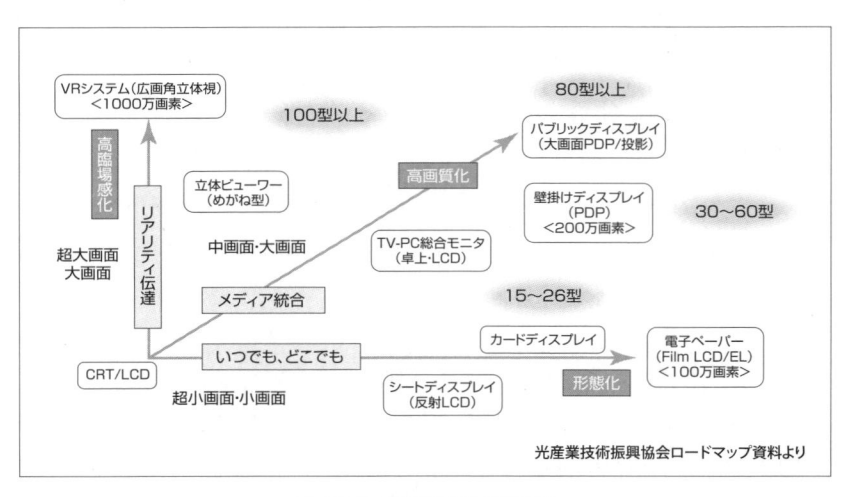

ディスプレイのこれからの方向性

第11章 FPDの技術と現状 その1

ズが高いアメリカでは比較的低価格で大画面が得られるリアプロジェクションテレビが伸びている。

■メディアの統合とこれからの方向性

　放送と通信の融合といったメディアの統合が進んでいる。BSデジタルや地上デジタル放送ではデータ放送やEPG放送が行なわれている。こうした通信系のメディアに有利なのがLCDやPDPなどのFPDだ。これらは全並列同時表示でちらつきがなく、輝度も高くできる。だが、LCDではこのホールド型の表示が残像の発生の原因となっている。

駆動法	点順次	線順次	全並列同時
駆動の概要	変調駆動回路	1Hメモリー	1フィールドメモリー
1フィールド当りの最大発光時間	0.1μS	60μS	16mS
輝度	高い放射強度が必要		発光時間が長いので輝度が高い
表示デバイスの例	●CRT	●普通のマトリクス型ディスプレイ	●屋外用大画面ディスプレイ ●アクティブマトリクス液晶

ディスプレイの駆動方法例　　　　カラーPDP技術(CMC)より

パソコンもメディアの統合に対応している。ノート、デスクトップ型共にデジタルチューナーを搭載したテレビパソコン化している。これらには動画再現能力に優れた LCD が使われ、テレビと同様に番組を楽しむことができる。それまでのパソコンディスプレイはデータ表示用。パソコンも「テレビが見れる」から「テレビをきれいに見る」に進化しているのだ。

　テレビパソコンは 250GB、500GB といった大容量 HDD を搭載するようになり、ハイビジョン画質でテレビ録画が可能でそれを DVD にダビングすることもできる。パソコンの家電化ということができ、それに伴いパソコンモニターの LCD もワイド画面化している。

　ディスプレイには画質とサイズという 2 つの要素がある。BS デジタルや地上デジタル放送はハイビジョン放送でテレビにもハイビジョン画質が求められる。WXGA 以上がハイビジョンテレビとなるが、最近はフル HD モデルも増えている。PDP でフル HD は 42V 型以上だが、LCD はより小型のパネルでもフル HD 化が可能だ。

　有機 EL は小型パネルは量産されているが、アクティブマトリクス型の量産はこれから。ソニーが 2007 年に 11 型の発売を予告し、東芝は 2009 年の投入を発表している。また、有機 EL では電子ペーパーやウェラブルなどの新しい用途提案も行なわれている。

■LCD を育てたのは日本の技術

　液晶（Liquid　Crystal）はその名の通り、液体と固体である結晶の中間的な状態を保つ物質だ。液晶は 1888 年にオーストリアのライニッツァーが発見した。液体は分子配列がバラバラだが、液晶は液体状でありながら分子配列が一定で電圧をかけると、その並び方が電圧

第11章 FPDの技術と現状 その1

に応じて変化する。分子配列の仕方により、ネマティック液晶、スメクティック液晶、コレスティック液晶の3種類がある。LCDに使われているネマティック液晶は電圧を加えると液晶分子が電界方向に変化して光を散乱する。

　液晶は電圧をかけると並び方が電圧に対応して変化し、光を通したり、遮ったりする。この光の透過や遮断の性質を利用して光スイッチング素子として使い、画像を表示するデバイスがLCDだ。機能としては光スイッチングだけであり、自ら発光するデバイスではない。

　ディスプレイとしてのLCDの研究開発は1950年代から始まった。本格化したのは1960年代で、この時期に液晶の電気光学特性でのいろいろな発見があったが、実用化にはいたらなかった。LCDをディスプレイとして実用化したのは日本企業で1973年にシャープが電卓

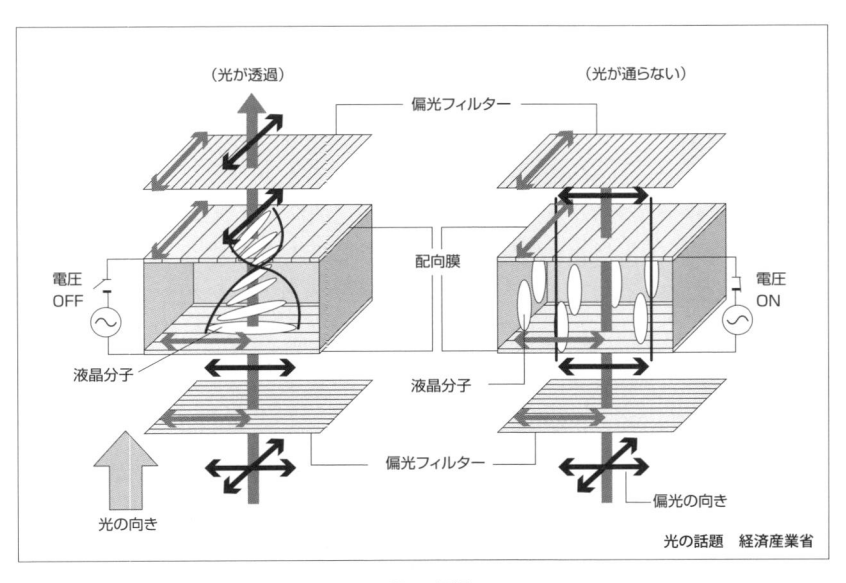

LCDの原理

に使い、これが製品化でのスタートとなった。この頃はセグメント表示で数字やアルファベットを出すだけだった。

　その後、ドットマトリクス型LCDが開発されると複雑な表示が可能になる。モノカラーだったが、ワープロやパソコンに使われ、その後カラー化する。LCDは薄型、軽量であり、カラー化するとその用途はポータブルテレビから携帯電話、画面サイズが大型化するとテレビにまで使われるようになる。マーケットが広がると量産効果により低価格化し、FPDの代名詞といえる存在になった。

　LCDは2枚のガラス基板の間に液晶を封入し、バックライトを付けた構造である。バックライトの光を液晶でオン・オフして画像を出す。明るく表示するにはバックライトが必要で、LCDのスイッチング機能と組み合わせて表示する。偏光板で光の振動方向を揃えて液晶を配列し、スイッチングのための回路も必要だ。

■TN型からスタート

　LCDの基本といえるのがネマティック液晶の液晶相をねじったTN（Twisted Nematic）型である。2枚のガラス基板で液晶分子を挟むが、液晶分子の向き（配向）は90度ねじれた状態になっている。それに合わせて90度ずらして偏光フィルターをセットすると光が通過する。これが電圧をかけない状態で、電圧をかけると液晶が縦に並び、バックライトの光を遮断するために光は透過しない。オン・オフにより画像を出すことができる。

　TN型では液晶分子をガラス基板に並行して並ばせなければならない。配向のベースとなるのが配向膜。最初はバラバラの向きの液晶分子を一定の方向に並ばせる作業をラビングと呼び、柔らかい布

第11章　FPDの技術と現状 その1

でこすって行なっていた。配向膜は上下にあり、その液晶分子の向きを直交させると中間部分の分子はねじれた状態になる。このねじれがTNだ。

　TN型は光の一部が漏れ出してコントラストを高くできない。そこでねじれ角がさらに大きいSTN(Super Twisted Nematic)が開発された。STN型は大型化してノートパソコンやワープロに搭載された。ねじれ角を大きくすることで発生する着色の問題も解決され、白黒表示のSTN型LCDが実用化した。これにカラーフィルターを組み合わせることでカラー表示が可能になる。フルカラーのパソコン用LCDが実用化したのは1989年。STNの基本構造はシンプルだが、$2\mu m$の液晶層の厚さを均一に成形しなければならない。STN型は応答速度が遅いという欠点が合ったが、材料やセル構造を含めて改善が図られている。

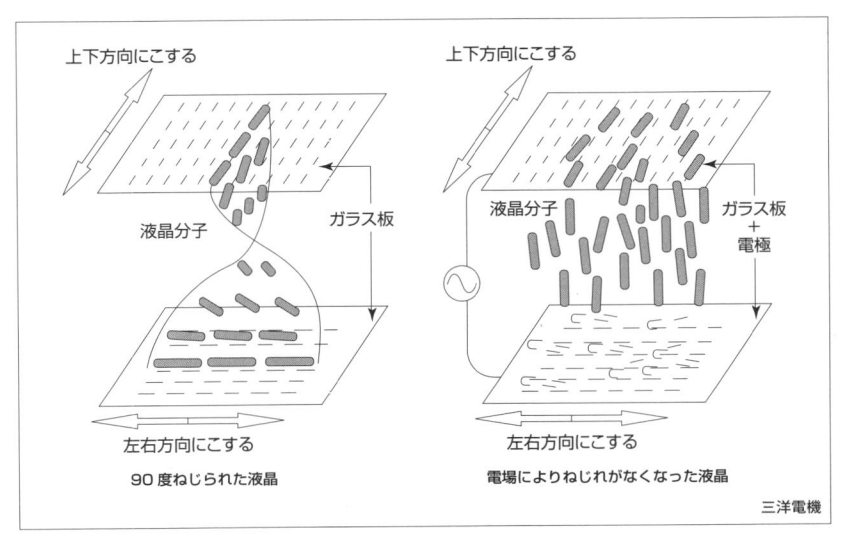

電場配向

■テレビ用に画質が進化

　FPD では 1990 年代をリードしたのはパソコンであったが、2000 年代はデジタル情報家電であり、その代表がデジタルテレビだ。テレビ用ディスプレイに求められる特性はパソコン用とは大きく異なる。テレビでは高輝度、高コントラスト、黒の沈み、動画特性が求められる。

　中でも、応答速度と視野角は LCD の弱点と言われてきた。応答速度についてはオーバードライブ回路やパネル自体の応答速度の改善、黒挿入や流行になりつつある 120Hz 駆動などで改善されている。だが、ボヤケに関しては LCD はホールド型駆動であり、まだ課題は残されている。

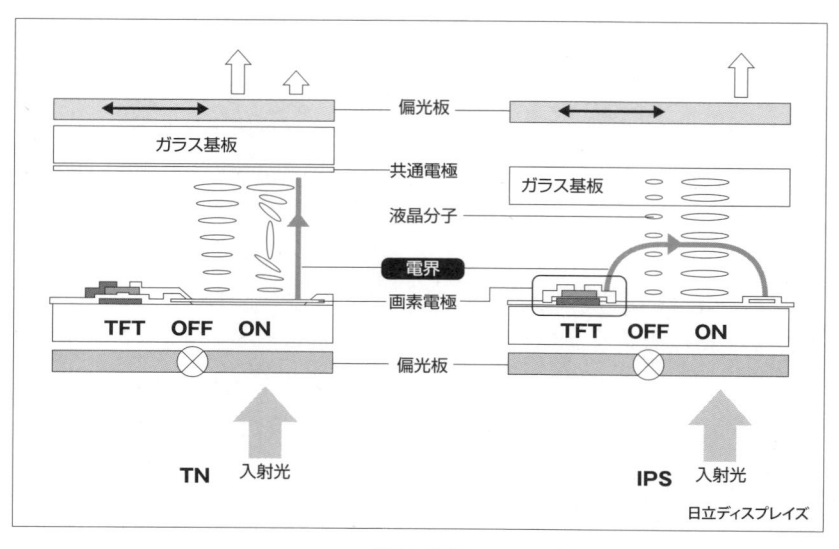

IPS の原理

第11章　FPDの技術と現状 その1

　LCDは斜めから見るとコントラストが下がり、色が変化する。以前のLCDと較べるとこうした現象は減っており、家庭用テレビとして十分な画質を持つに至ったが、PDPや有機ELと較べると落ちる。そこで視野角改善のために採用したのがVA(Vertical Alignment)方式やIPS(In Plane Swiching)方式だ。現在のテレビ用LCDはどちらかの方式で作られている。

　以前の液晶テレビは正面でないと高画質が得られなかったが、現在は斜め方向からでも楽しむことができる。視野角は170度程度で180度のPDPと余り変わらない。だがLCDとPDPでは視野角の測定基準が異なり、単純に比較することはできない。VA(ASV)方式はシャープが採用しており、IPS方式は日立、東芝、松下電器などが採用している。

■LCDの画素ドライブ方式

　LCDの画素の駆動(ドライブ)方式には2つの方式がある。パッシブ(単純)マトリクス方式とアクティブマトリクス方式だ。これは有機ELも同じでパッシブ型とアクティブ型が使われる。パッシブマトリクス方式は直交するマトリクス電極を液晶層の上下につけることで、電極の交点を画素とする。ここで電圧のオン・オフで交点を透過する光をコントロールする。

　横軸は走査電極と呼び、ラインごとに走査する線順次走査では上から下に順次電圧パルスを加えていく。縦軸の電極には横軸との交点の画素の明暗に応じた電圧を加える。階調は加える電圧のパルス幅を変えることで行なう。パッシブマトリクス方式は構造がシンプルで量産に適しているため、初期にはメインであったが、方式から

■パッシブ

Y電極
X電極

1画素

■アクティブ

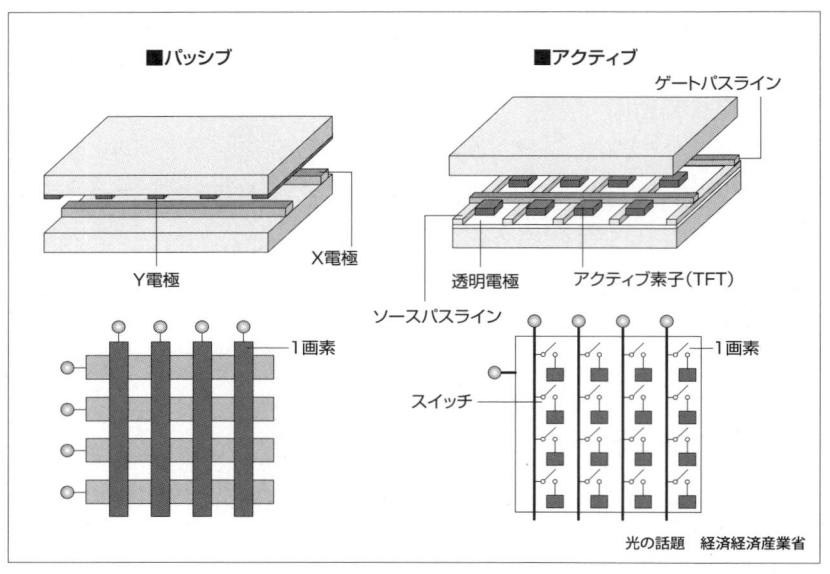

ゲートバスライン
透明電極
アクティブ素子(TFT)
ソースバスライン
スイッチ
1画素

光の話題　経済経済産業省

駆動方式の違い

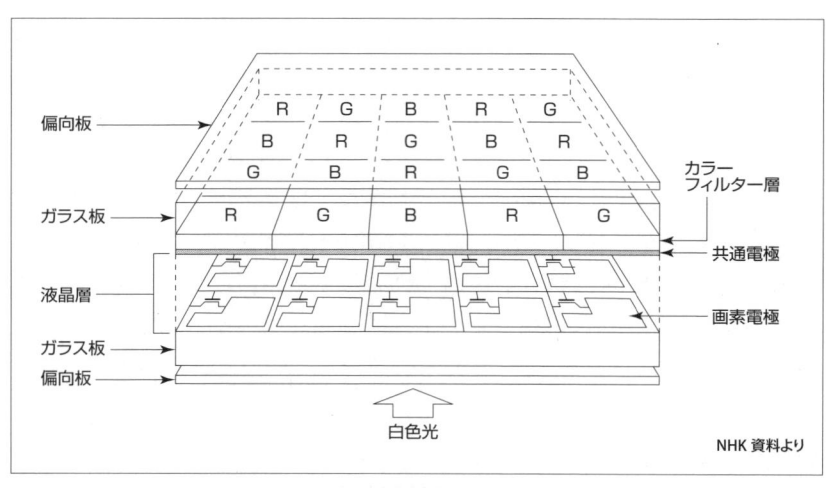

偏向板
ガラス板
液晶層
ガラス板
偏向板

R G B R G
B R G B R
G B R G B
R G B R G

カラーフィルター層
共通電極
画素電極

白色光

NHK資料より

TFT・カラー液晶ディスプレイの構造

第 11 章　FPD の技術と現状　その1

走査線数を多くするほどコントラストが下がり、応答速度が遅いという欠点を持っている。大画面化も可能だが、パルス駆動のために大画面化するほど瞬間発光輝度を大きくしなければならない。

　LCD では薄膜トランジスタ（TFT）を使った TFT アクティブマトリクス方式が主流だ。アクティブマトリクス方式も液晶層の上下に設けた電極で画素に電圧をかけて液晶分子の配列を変えることでは同じだ。違いは画素の一つひとつに電極を配置していることだ。画素ごとの電極は TFT などのアクティブ素子を使い、駆動信号をメモリーさせている。アクティブ素子に対応する画素を常に駆動でき、コントラストや視野角の改善にも役立っている。

　原理ではゲート線とデータ線をマトリクス状にセットして、その交点が画素となる。駆動は走査線に対応したゲート線を選んで、選んだゲート線上のトランジスタを全てオンにして、データ線からの映像表示データを書き込む。このデータは液晶に蓄えられ、次のデータがくるまで液晶を駆動する。ホールド型である。瞬間発光輝度を小さくでき、耐久性にも優れる。

■低温ポリシリコン TFT とアモルファスシリコン TFT

　TFT（Thin Film Transister）は薄膜トランジスタである。LCD のガラス基板に形成されるシリコン半導体でスイッチング素子として使われる。LSI は高純度のシリコン単結晶で作られるが、TFT ではアモルファス（非晶質）シリコンやポリ（多結晶）シリコンが使われる。

　従来の TFT　LCD で使われていたのはアモルファスシリコンだった。低価格で作れるのがメリットで大画面化にも対応できるが、ポリシリコンで TFT を作ると電子の移動度が約 100 倍近く上がる。よ

この工程を繰り返す

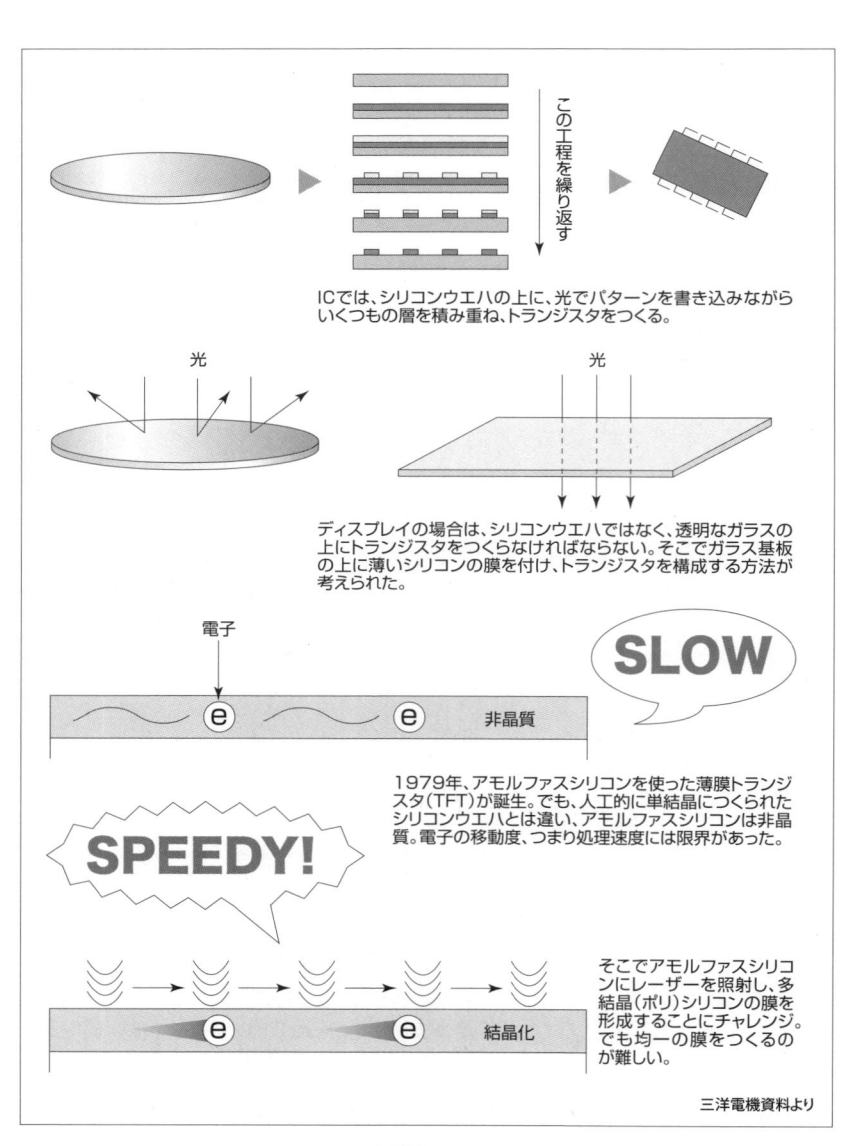

ICでは、シリコンウエハの上に、光でパターンを書き込みながらいくつもの層を積み重ね、トランジスタをつくる。

光

光

ディスプレイの場合は、シリコンウエハではなく、透明なガラスの上にトランジスタをつくらなければならない。そこでガラス基板の上に薄いシリコンの膜を付け、トランジスタを構成する方法が考えられた。

電子

SLOW

非晶質

1979年、アモルファスシリコンを使った薄膜トランジスタ（TFT）が誕生。でも、人工的に単結晶につくられたシリコンウエハとは違い、アモルファスシリコンは非晶質。電子の移動度、つまり処理速度には限界があった。

SPEEDY!

結晶化

そこでアモルファスシリコンにレーザーを照射し、多結晶（ポリ）シリコンの膜を形成することにチャレンジ。でも均一の膜をつくるのが難しい。

三洋電機資料より

IC と TFT（薄膜トランジスタ）

第11章　FPDの技術と現状　その1

り小さく、高画質、高精細なLCDが可能になった。

　パソコンモニターなどでのデータ表示ではアモルファスシリコンで問題がなかったが、動画を扱うようになると処理速度が要求される。これにはアモルファスシリコンでは対応できず、ICでドライブ回路を作って外付けしていた。高速動作するポリシリコンTFTなら駆動回路も画素スイッチもパネル基板に一体成形できる。

　低温ポリシリコンはアモルファスシリコンにレーザー光をあてて融解して再結晶化させなければならない。デジタル回路では0・1の

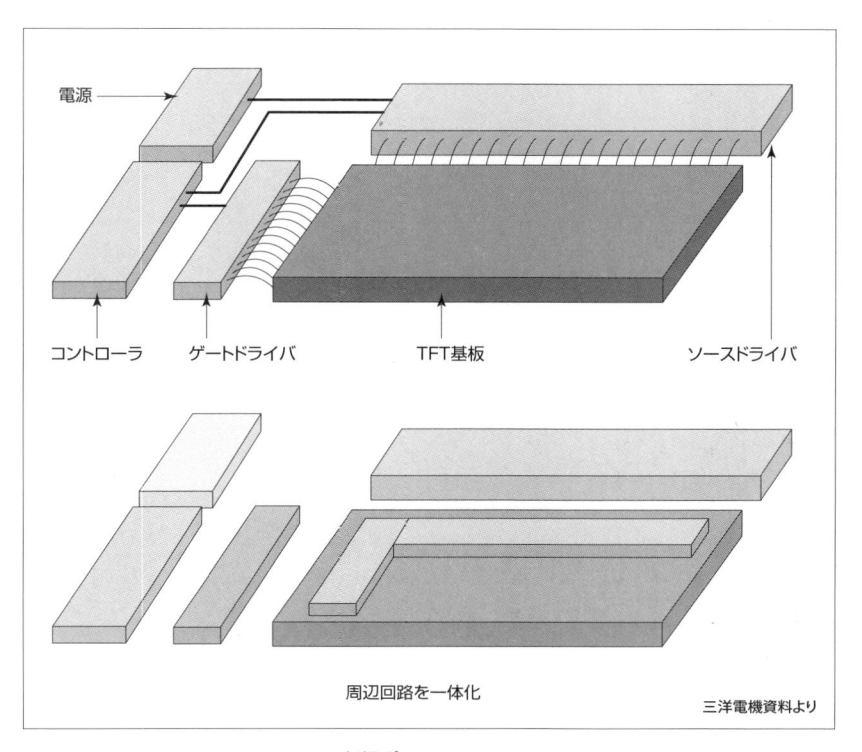

低温ポリシリコンTFT

デジタルデータが得られればいいのだが、LCDでは加える電圧が変わるとムラとなって目に見えてしまう。

　ポリシリコンには高温と低温タイプがある。従来はポリシリコンTFTを作るのに500度C以上のプロセスが必要で、高温に耐える特殊なガラス基板が必要だった。それを一般的なガラス基板が使えるようにしたのが低温ポリシリコン。この技術はLCDパネルの周辺にドライブ回路を一体化することを可能とした。小型化や狭額縁化に貢献したのである。この低温ポリシリコンTFT技術は有機ELにも使われ始めている。

第12章

FDP の技術と現状 その2

- ■大画面 FPD を代表する PDP
- ■ PDP の動作原理
- ■ PDP の構造
- ■注目され始めた FED
- ■ FED は構造がシンプル
- ■ SED はインクジェット技術を採用
- ■無機 EL と有機 EL
- ■ LED と VFD

■大画面 FPD を代表する PDP

　画面サイズでは LCD が肉薄してきたが、やはり大画面 FPD の代表といえば PDP（Plasma Display Panel）である。構造から小型化は難しいが、大型化には有利で 103 型まで実用化している。PDP は 1964 年に米イリノイ大学が発表した論文が最初といわれる。1970 年代にはモノカラーディスプレイとして実用化し、1980 年代にはノートパソコンのディスプレイとして使われた。だがフルカラー化が難しく、カラー化した LCD にその座を譲り渡していく。

　PDP が急速に発展するのは 1990 年代に入ってからだが、そのベースとなる技術を 1970 年代から着々と開発していたのが富士通だ。1979 年の 2 電極面放電や 1984 年の 3 電極面放電、1988 年の反射型

パイオニアが 1996 年のエレクトロニクスショーに出展した 40 型 VGA モデル（試作品）

第 12 章　FDP の技術と現状 その2

構造などを開発した。PDP には構造がシンプルで作りやすい AC 型と動画描写に適する DC 型があるが、イリノイ大学の論文も富士通も AC 型である。DC 型は NHK がチャレンジしていたが、構造の複雑さから現在はすべて AC 型である。

富士通は 1989 年に 3 色カラー PDP を開発し、1990 年には AC 型で階調再現を可能とする ADS 方式を生み出した。1992 年にはストライプ構造を採用した 21 型カラー PDP を製品化している。この頃に次世代ディスプレイを模索していた企業が PDP と有機 EL をターゲットに参入を始める。

PDP の基本的な技術が確立したのは 1995 年頃だ。だが、PDP の開発をしていたメーカーでも量産化は難しかった。この頃までは VGA 画質で、その後、1997 年に富士通が 50 型のフルカラーハイビジョン PDP を開発している。

PDP の量産技術が確立されたのは 2000 年頃である。これ以前にも PDP は少数出荷されていたが、価格が高く、家庭用の需要はほとんどなく、業務用がメインであった。そこに大きな変化を与えたのは 2001 年の日立の ALIS 方式のプラズマテレビだ。ALIS 方式は小型でもハイビジョン化できることから 32 型のハイビジョンプラズマテレビを発売し、低価格化を図った。PDP が大画面 FPD として一般に認知されたのはこの時である。

■PDP の動作原理

PDP は真空放電による発光原理を使ったディスプレイである。わかりやすくいえば蛍光灯と同じ仕組みだ。約 100 万から 200 万個の微細な蛍光灯がパネル面に作られていると考えてもいい。蛍光灯で

あるからもちろん自発光である。LCDのようなバックライトは不要で視野角が広く、応答速度も速い。

　プラズマというのはイオン化したガスのことで、蛍光灯では管にガスを満たして電圧をかけるとガスの分子が電離してイオンや電子になる。色は中に入れたガスで決まるが、蛍光灯では水銀を使い、青緑の色を得ると同時に紫外線を多量に出して内側に塗布した蛍光体で紫外線を可視光に変えている。

　PDPは微細なセルの内側に光の3原色であるRGBの蛍光体を塗布し、セル内は一度真空にしてガスを入れる。ガスはネオン(Ne)やキセノン(Xe)ヘリウム(He)などが使われるが、主流は紫外線が多く発生するXeやNeだ。

　PDPはフロントとリアのガラス基板の間にリブ構造を形成、その

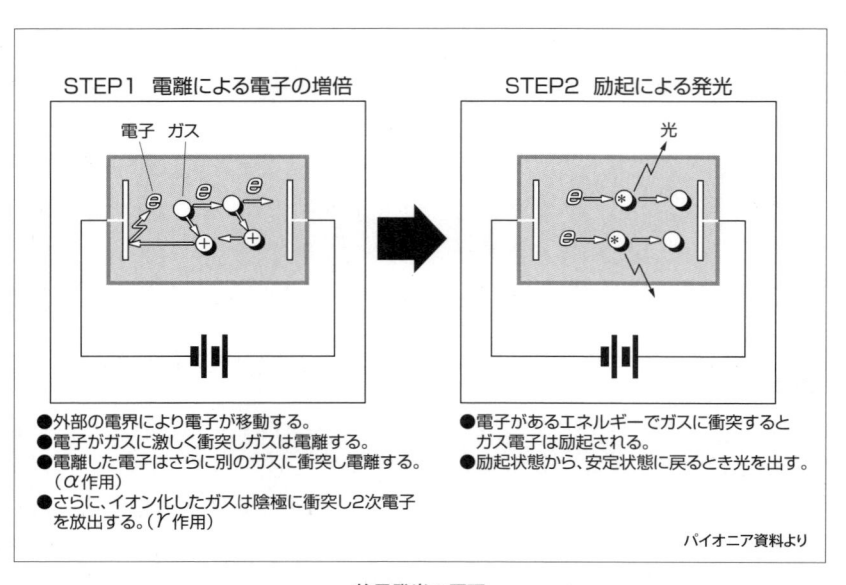

```
┌─────────────────────────────────────────────────────────┐
│  STEP1 電離による電子の増倍    STEP2 励起による発光      │
│                                          光             │
│   電子 ガス                                             │
│  ┌─────────────┐              ┌─────────────┐          │
│  │ e → ○ → ○ → │              │ e → * → ○   │          │
│  │     ↑   ↓   │      ➡       │             │          │
│  │ ← ⊕ ← ⊕    │              │ e → * → ○   │          │
│  └──────┬──────┘              └──────┬──────┘          │
│        ┤├                            ┤├                │
│                                                         │
│ ●外部の電界により電子が移動する。  ●電子があるエネルギー│
│ ●電子がガスに激しく衝突しガスは    でガスに衝突すると   │
│   電離する。                        ガス電子は励起される。│
│ ●電離した電子はさらに別のガスに   ●励起状態から、安定  │
│   衝突し電離する。(α作用)          状態に戻るとき光を   │
│ ●さらに、イオン化したガスは陰極    出す。              │
│   に衝突し2次電子を放出する。                          │
│   (γ作用)                                              │
│                              パイオニア資料より        │
└─────────────────────────────────────────────────────────┘
```

放電発光の原理

第 12 章　FDP の技術と現状　その2

リブ内(セル)で放電を行い発光する。リブの高さは $100\,\mu\mathrm{m}$ 程度。髪の毛の太さほどだ。リブで構成される画素は LCD と較べると大きいが、それでも $\mu\mathrm{m}$ 単位と微細。PDP は蒸着プロセスが不要で、LCD の製造ほどのクリーン度は必要ない。

　上下のガラス基板に横方向の行電極と縦方向の列電極を持ち、電極に電圧をかけるとセルの内部で放電が起こり、紫外線が発生する。この紫外線がセルに塗布した蛍光体を励起して発光する。電極にかける電圧とタイミングでセルを光らせる、光らせないをコントロールしている。

　アクティブマトリクス型の LCD はセルにトランジスタを付けているが、PDP は放電現象の性質やセルの工夫でメモリー機能を与えている。

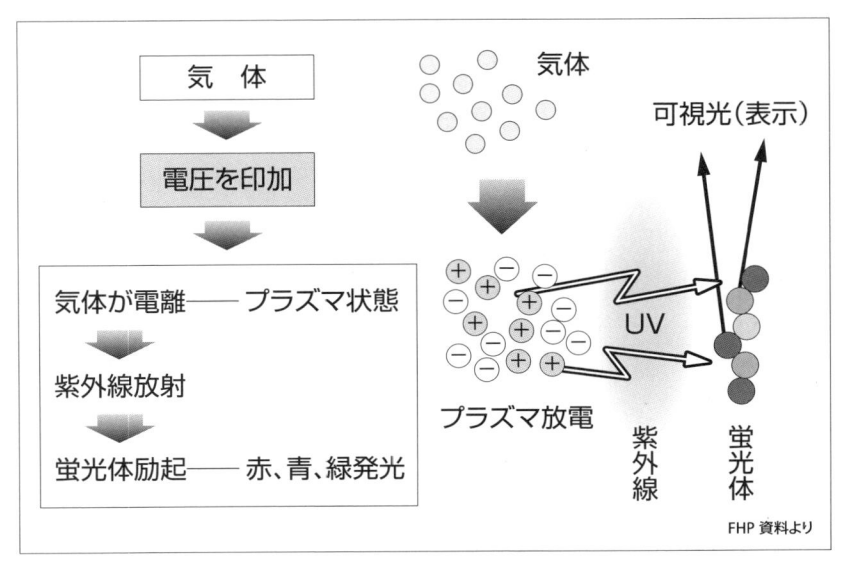

プラズマディスプレイの発光原理

■PDP の構造

　日本で PDP を作っているのは松下電器、日立（FHP・富士通日立プラズマディスプレイ）、パイオニアの3社である。これに韓国のサムスン SDI と LG 電子を加えた5社で世界シェアのほとんどを握っている。その他には台湾、中国にメーカーがある。
　PDP の構造はメーカーにより細部に違いはあるが、富士通方式が基本になっている。フロントとリアの2枚のガラス基板にさまざまな層や構造を形成し、それを貼り合わせてガラス基板の間に Xe と Ne の混合ガスを封入したものだ。

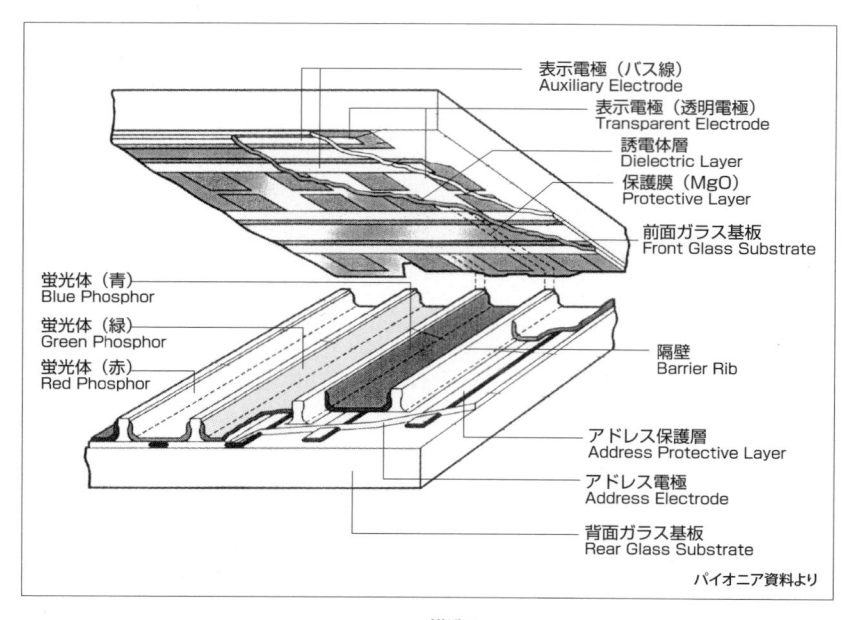

PDP の構造図

第12章　FDPの技術と現状 その2

　リブ（隔壁）の高さは100μmほどで、蛍光体を塗布しているセルの部分の幅は60μm程度。フロントガラス基板には透明電極と表示電極（バス線）を形成し、それを透明な誘導体層で覆い、電極保護のための保護層（MgO・酸化マグネシウム）をつける。保護層は放電のための電子を放出し、メモリー効果を与え、放電電流の制御などの役割も果たす。リアのガラス基板には情報の書き込みのためのアドレス（データ）電極とアドレス保護層が形成され、その上にリブが作られる。リブとリブの間には蛍光体が塗布される。

　フロントとリアのガラス基板はシール層で貼り合わせ、内部の空気を抜いてガスを入れる。これがPDPで実際にはそこにドライバICなどの部品が付けられて、PDPパネルモジュールになる。プラズマテレビでは電源部やチューナーユニットとのインターフェースが加わる。

　PDPの特長をまとめると
1　大画面薄型
2　構造が簡単で軽量
3　視野角が広い
4　磁気の影響がない
5　画面歪みやフォーカスぼやけがない
6　輝度が高い
7　デジタル表示でデジタル信号とのなじみがいい

などである。

　弱点としては予備発光が必要なので、黒の再現性に難があり、階調再現性や疑似輪郭ノイズの発生などがあるが、技術改良で克服されつつある。

■注目され始めた FED

にわかに注目され始めたのが FED（Field Emission Display）である。FED は CRT と同じ原理で蛍光体を発光させる電界放出型ディスプレイ。究極の偏平 CRT ともいえるものだ。基本特許はフランスの原子力庁の研究機関である LETI が持っていたが、米ピクステック社が取得し技術供与を行なっている。

電界放出型陰極管は真空マイクロエレクトロニクスの分野で研究されてきたが、半導体の微細加工技術で見直され、パネルの開発が進められた。開発では LCD に出遅れた欧米が積極的だったが、ソニーやキヤノンでも開発を進めてきた。

話題になったのはキヤノンが東芝と SED（Surface − conduction Electron − emitter Display）の共同開発の発表を行なってからである。CEATEC などに 36 型、55 型の試作機を展示、その画質の良さを知らしめた。共同で設立した SED 社で量産を行い、2006 年に発売するとの予告がなされたが、2007 年現在まだ姿を現していない。そ

Display2007 で試作品を展示したエフ・イー・テクノロジーズ

第 12 章　FDP の技術と現状　その2

　の後、SED 社から東芝は離れたが、共同開発の関係は続くようである。
　もうひとつの動きがある。ソニーが開発していた FED 技術関連資産をソニーと投資ファンドが共同で設立した FED 事業会社のエフ・イー・テクノロジーズに譲渡。新会社で FED 事業化を行なうという。FED と SED は発光方式は CRT と同じだが、陰極の部分の構造が異なる。蛍光体には CRT と同じものが使え、画素ごとの発光のために黒がしっかりと締まり、高画質が得られるのが特長である。

■FED は構造がシンプル

　電界放出型陰極というのは CRT でいう電子銃（エミッタ）である。陰極から電子ビームを出して蛍光体に当てて画像を出す。FED も有機 EL や PDP と同じく自発光デバイスのため、バックライトの必要がなく、消費電力が少なく、広視野角で CRT と同等レベルの画質が得られる。
　最近はエミッタにカーボンナノチューブを使うようになった。従来はモリブデン（Mo）などの金属を直径約 $1\mu m$ の円錐形に形成してエミッタとしていたが、この金属円錐を作るには特殊な蒸着装置が必要。そこでカーボンナノチューブや SED のような円錐を使わない方式が開発された。カーボンナノチューブは炭素分子をチューブ状に形成したもので、面から電子を放出でき、大電流を流せる。
　エフ・イー・テクノロジーズが開発したのは 19.2 型。FED は LCD のようなホールド型ではなく、画素が一瞬だけ点灯して画像表現をするインパルス型のために残像感やボヤケはない。ここではエミッタにスピント型と呼ばれる円錐状のエミッタ構造を採用。1 画素に対して微細なエミッタ（ナノスピントエミッタ）を 1 万個以上対抗

させることで均一な映像再現を可能としている。

　この構造は、低電圧駆動が可能。約 15V で駆動でき、パネルドライバは LCD 用と同等のコスト。カソードのアドレス方式はパッシブマトリクス型だ。

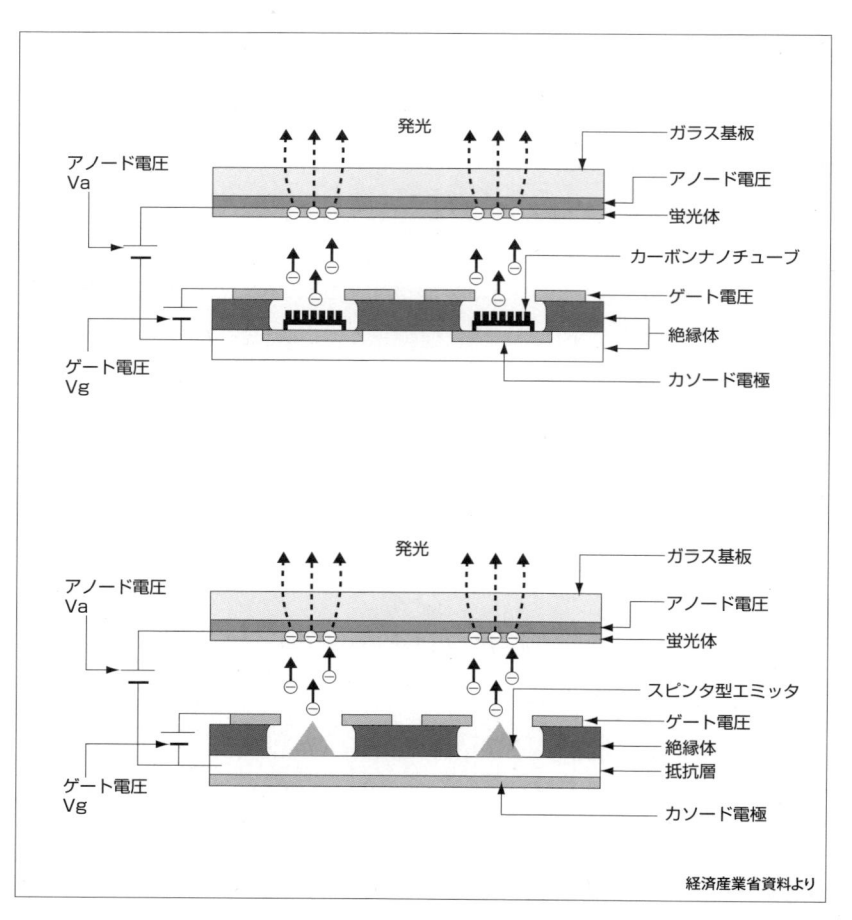

FED

第12章　FDPの技術と現状 その2

■SEDはインクジェット技術を採用

　エミッターにナノギャップを用いたのがキヤノンが1986年に研究に着手したSEDだ。原理的にはFEDと同じだが、エミッターに金属やカーボンナノチューブを使わない。SEDもCRTの電子銃に相当する電子放出部を画素の数だけ持っている。電子放出部には二つの電極の間に数nmのギャップが設けられ、10数Vの電圧をかけるとナノギャップの片側から電子が放出される。その一部がガラス基板間に設けられた10kV程度の電圧で加速され、蛍光体に当たり発光する。

　SEDは電気エネルギーが光に変換される発光効率が高く、低消費電力化が可能。電子放出部は高精度に形成しなければならないが、

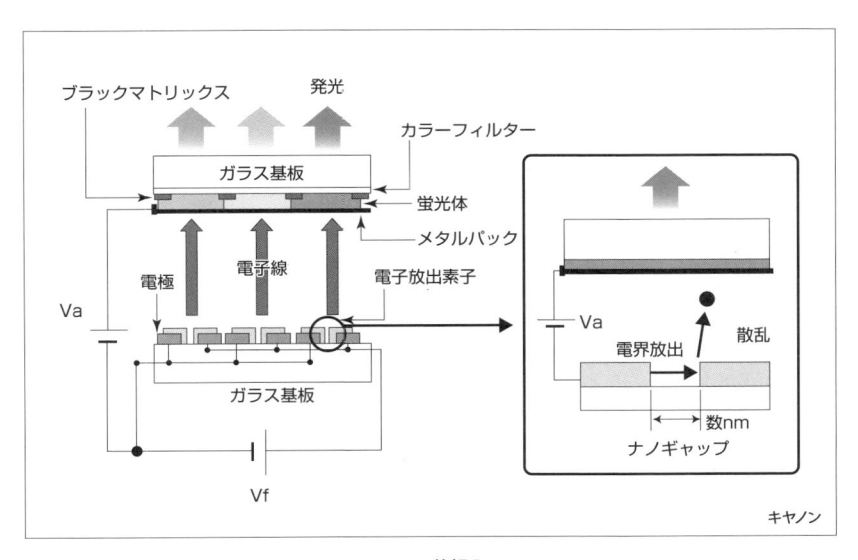

SEDの仕組み

キヤノンの 55V 型 SED 試作機

2006 年の CEATEC でキヤノンの
ブースに展示された 55 型 SED

そこにインクジェット描画技術を用いている。形成には通電フォーミング処理（フォーミング）と通電活性化処理（アクティベーション）を組み合わせている。これにより電極部の素子膜に 4〜5nm のスリットが形成できる。また、マトリクス状の配線形成には印刷技術を使い、ローコスト化を図っている。

■無機 EL と有機 EL

物質が外部からエネルギーを受けて光を放出する現象をルミネセンス（Luminescence）という。エネルギーを与えることを励起と呼び、光や電子線、X 線、電界などが使われる。光で励起させるのがホトルミネッセンスで、電子線の場合はカソードルミネッセンス、X 線は X 線ルミネッセンスで電界を使うのがエレクトロルミネッセンス

第12章　FDPの技術と現状　その2

(EL)だ。

　EL（電界発光）を利用したディスプレイには無機化合物を用いた無機ELと有機化合物を用いた有機ELがある。無機ELは薄膜型、分散型、厚膜型に分かれ、有機ELは低分子系と高分子系に分かれる。

　有機ELはディスプレイだけでなく、LCDのバックライトや照明などにも使われようとしているが、照明用途で先行したのが無機ELだ。EL現象は1936年にフランスのデトリオー（Destriau）により発見され、研究開発が行なわれた。無機ELは有機ELよりも歴史的には古いが、輝度や寿命の点で実用化が難しかった。1974年にシャープが薄膜ELで高い輝度と寿命を実現。一気に実用化した。

　厚膜型は発光材料の粉末を誘電体に分散させたものを塗布する。

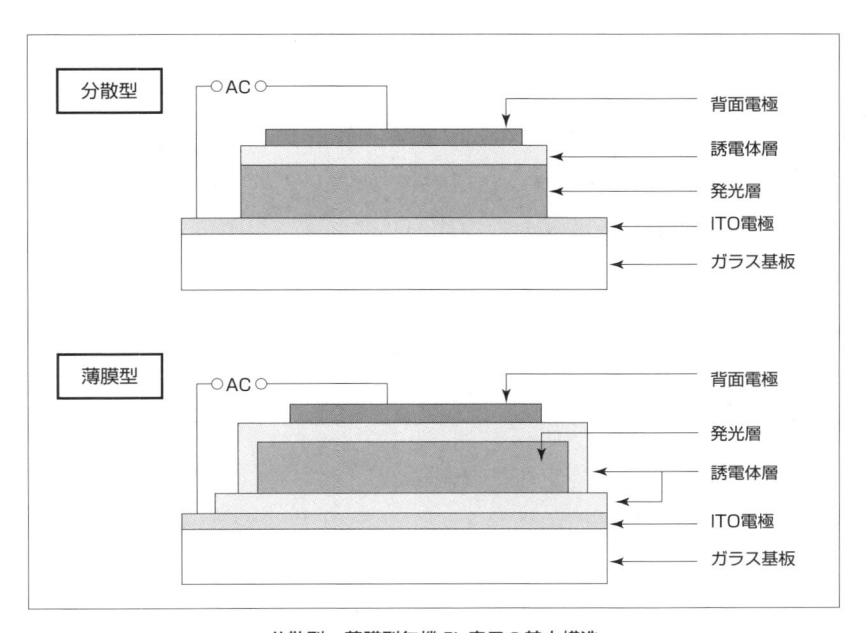

分散型・薄膜型無機EL素子の基本構造

これはLCDのバックライトとして使われている。薄膜型はガラス基板に蒸着により発光膜、絶縁膜、電極膜を形成する。蒸着工程が必要なことから大型化には適さず、視野角が広く、堅牢で視認性に優れることから車載ディスプレイなどに使われている。最初に実用化したのは発光効率が高い黄橙色で、高輝度の青色EL素子がなかったが、色変換方式のCBB(Color By Blue)方式が開発され、フルカラー化への動きもある。

■LEDとVFD

　LED(Light Emitting Diode)はEL現象を使った自発光ダイオードで古くはAV機器を含めた家電製品のインジケーター用から、現在では情報表示板やビルやスタジアムの大型ディスプレイにまで使わ

身近で使われているLEDディスプレイ

第12章　FDPの技術と現状　その2

れている。P型とN型の半導体を接合し、そこに一定方向に電流を流すことで発光させる。LEDは比較的新しいデバイスで1968年頃からアメリカで軍用に採用された。電球の欠点である球切れのない発光デバイスとして使われてきたのだ。

ディスプレイとしてはLEDを並べて文字や画像を表示する。寿命が長く、メンテナンス性に優れる特長を持つ。そのため、電車の駅構内、屋外の電子看板や情報表示板、交通信号などに使われている。屋外用に使われているのは輝度が高いためだが、LEDは輝度を上げると視野角が狭くなり、下げると広くなるという特性を持つ。COB（Chip On Board）という基板にLSIなどと一緒にマウントしたものもある。

LEDが文字表示などの特定の用途に使われてきたのはフルカラー表示ができなかったためだ。赤や緑は発光できるが青がなかった。その青色発光LEDを日亜化学工業が開発したことで、大型ディスプレイなどに用途が広がった。

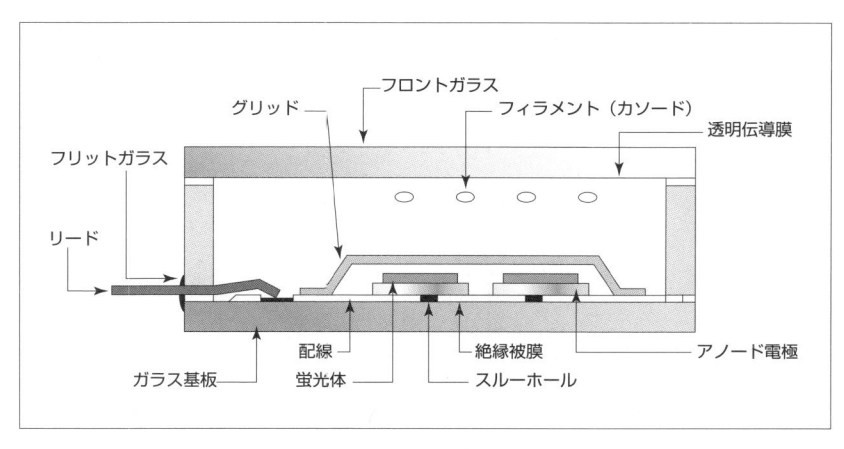

VFDの構造

日本で誕生したFPDがVFD（Vacume Fluorescent Display）である。1965年に真空管構造の電子管式デバイスとして発明され、その後にFPDに発展した。数字などのセグメント表示や固定パターンの図形表示用ディスプレイとしてAV機器やPOS端末に使われている。手がけているのはノリタケカンパニーリミテッドと双葉電子工業、NECだけだ。

　VFDはカソード電極を加熱して出た熱電子をアノード電極に当てて蛍光体を励起するというもの。最初は真空管スタイルだったが、1970年第にフラットなVFDが開発され、車載用や家電機器などに使われるようになった。

縦11.2m × 66.4m 世界最大の屋外LEDディスプレイ（三菱電機製）

索引

数字	1重項	95
	110度CSデジタル放送	30
	3色独立画素方式 … 71 73 75 76 89 104 118 126 134 138 141 143 145	
	3重項	95
A	AC型	173
	ADSL	30
	ALIS方式	173
	ASV	165
B	BSデジタル放送 … 30 159 160	
C	CATV	30
	CBB	184
	CCM … 73 76 137 139 141 142 143 145 146	
	CDT … 51 63 151 152 154	
	CRT … 28 156 158 178 179	
D	DC型	173
	dLTA	135
	DVD	160
E	EPG	159
F	FED … 20 24 28 56 128 157 178 179 181	
G	G3	30
H	HDD	160
I	IPS	165
	ITO … 46 58 59 63 87 88 103 131	
L	LCD … 23 24 25 28 33 42 44 50 51 70 71 73 79 91 108 117 123	
	126 128 130 139 144 146 149 157 158 160 165 172 184	
	LED … 24 39 40 44 118 157 184 185	
	LIPS	134
O	OLED	40
P	PDA … 17 157	
	PDP … 23 24 25 28 42 44 56 70 71 116 123 128 157 158 160 172	
	PPV	68
R	RGB … 71 73 75 76 78 89 104 131 134 138 139 145 148	
S	SED … 20 22 24 28 56 157 178 179 181	
	STN … 149 163	
T	TAC … 128 130	
	TFT … 51 81 82 87 89 91 95 104 108 119 120 128 129	
	130 131 135 148 149 150 154 167	
	TN … 162 163	
U	UDC	128 129
V	VA	165

187

V	VFD ………………………………………………………………… 157	186
X	X線ルミネッセンス ……………………………………………… 39	182
あ	青色EL色変換方式 ……………………………………………… 73	
	アクティブマトリクス …… 33　36　51　71　79　81　82　87　88　90　91　92	104
	105　108　119　120　126　128　129　131　152　154　160　165	167
	アモルファスシリコン ………………………… 82　91　95　104　149　167	169
	アルミキノリノール ……………………………………………… 48　64	111
	アントラセン結晶 …………………………………………………	47
	色変換層 ……………………………………… 63　73　76　79　143　145	146
	色変換方式 …………………………………… 71　73　76　137　138　142	146
	イリジウム錯体 ……………………………………………………	93
	陰極 …………………………………………… 55　56　59　64　87　131	179
	インクジェット …… 18　34　59　67　75　89　148　149　150　152　153　154	182
	インパルス型 ………………………………………………………	180
	ウェアラブル ……………………………………………………… 51	160
	エリアカラー ………………………………… 50　70　93　116　118　126	149
	エレクトロルミネッセンス ……………………………………… 39	182
	円偏光フィルター ……………………………………… 75　131　141	143
	応答速度 ……………………………… 20　25　157　163　164　167	174
か	カーオーディオ …………………………………………… 22　50　116	117
	カーナビ …………………………………………… 16　17　22	26
	カーボンナノチューブ ………………………………………… 179	181
	開口率 ………………………………………………………………	131
	カソード ……………………………………………………………	55
	カソードルミネッセンス ………………………………………… 39	182
	カラーフィルター ………………………… 63　76　78　79　92　121　122　124	126
	132　134　141　146	163
	カラーフィルター方式 ………………………………………… 71	73
	ガラス基板 ………………………… 18　55　58　63　64　85　87　108	134
	金属錯体 ……………………………………………………………	60
	蛍光色素 ……………………………………………… 76　139	141
	蛍光体 ……………………………………………… 56　175　177	179
	高分子 …………… 18　33　34　42　51　54　59　63　66　67　75　89	95
	148　149　150　151	152
	コレステリック液晶 ………………………………………………	161
	コントラスト …………………… 20　25　42　117　141　143　144　163　165	167
さ	サブパネル ………………………………………………… 15　16	36
	自発光 ……………………………………… 24　37　42　54　122　126　157	174
	視野角 …………………… 20　25　26　37　42　118　122　157　164　174　184	185
	真空蒸着 ………………………………………… 48　59　63　89	101
	正孔 ……………………………………………… 44　56　95　102	107
	蒸着 …………………………… 33　42　48　67　89　104　135　138　139　148	150
	スーパートップエミッション ………………………………… 131　132	134
	ストークスシフト ………………………………………………… 76	146
	スパッタリング ………………………………………………… 59	63
	スピンコート ……………………………………… 59　67　89	152
	スメクティック液晶 ………………………………………………	161
	セグメント表示 ………………………………………………… 156	162
た	地上デジタル放送 ……………………………………… 30　159	160
	低温ポリシリコン ………… 81　89　91　104　108　128　129　148　149	150
	154　169	170

索引

低分子		18 33 42 50 51 54 59 66 67 89 98
		100 102 129 134 148 149 150 151
電界発光		39 46
電子		44 46 48 56 57 58 60 93 95
電子ペーパー		160
導電性ポリマー		51
ドーピング		47 48 62 63 64 107 109 110 145
ドットマトリクス		18 70 162
トップエミッション		64 78 130 131 149

な
ナノギャップ		181
ネマティック液晶		161 162

は
パートカラー		29 33
バックライト		24 25 31 33 37 42 126 157 162 174 184
発光効率		33 62 90 93 95 129 181
発光層		44 60 64 146
パッシブマトリクス		33 71 79 81 87 89 91 103 116
		118 119 129 145 165 180
パターニング		88 89 118 126 134 135 152 154
波長変換		76 141
封止缶		63 87 88
封止材		63 132
フォトプロセス		76 89 104 146
フォトン		56 93 102
ブラウン管		22 23 28
フル HD		24 160
フルカラー		23 28 33 51 71 79 89 93 117 118 126 142 149 172
フレキシブルディスプレイ		20 42 55
ヘテロ構造		55 58
ポータブル AV プレーヤー		17 90 157
ホール		44 46 48 57 58 60 93
ホールド型		159 164 167 180
ホトルミネッセンス		39 182
ポリシリコン		167 169 170

ま
マイクロキャビティ構造		131 132
マイクロデバイス		78 142
マルチフォトン		33 95
無機 EL		39 43 44 47 50 58 142 183
メタルマスク		33 75 87 104 118 126 139 151
モノカラー		23 28 29 33 50 70 71 89 93 116 118
		122 126 149 154 172

や
有機膜		46 56 134
陽極		55 56 59 87 103 131

ら
ラピッド・サーマルアニール処理		135
リアプロジェクション		158
リン光		33 71 76 93 95 129
ルミネセンス		44 182
ルブレン		111
励起		44 46 56 175 182

わ
ワンセグ		20 30 158

189

あとがき

　有機 EL がようやく立ち上がろうとしている。すでに量産をしているではないか、という声もあるだろうが、特定用途用の小型パネルであり、やはりテレビとして使われてこその有機 EL である。それを最初に量産するのがソニーということにも意義がある。ソニーは LCD や PDP に出遅れた。というよりも、その次のディスプレイを狙っていたのである。それが有機 EL であり、FED であった。その選択から有機 EL を選んだ。

　「よくわかる有機 EL ディスプレイ」を書いたのは 2002 年である。その当時、有機 EL に関する情報はほとんどなく、研究開発をしている 10 社以上の企業を回って取材をした。そこで有機 EL とはのレクチャーまでしてもらった。その時にもソニーが CEATEC に出展した 13 型が話題だった。また、三洋電機や東芝も積極的な動きをしていた。NEC が携帯電話にフルカラー有機 EL パネルを用いたのもこの頃である。

　各社でフルカラー有機 EL の量産が始まると思われたが、難行した。三洋電機はコダック社と SK ディスプレイ社を作ったが、量産における歩留りが上がらない。上がり始めた頃に三洋電機は有機 EL 事業から撤退してしまう。NEC もサムスン SDI に技術を含めて譲り渡してしまう。携帯電話のサブパネルに使われ始めたが数は少なく、有機 EL も韓国や台湾メーカーの独壇場になってしまった。

　そこで頑張っていたのがアクティブマトリクス有機 EL パネルを CLIA やウォークマンなどに採用したソニーである。これらに使われた有機 EL は LCD の製造ラインで作られたと思われるが、有機 EL ならではの高画質を見せていた。そして 2007 年の 27 型の発表と 11

型の販売予告である。カーオーディオ用ではパイオニアとTDKが量産を行なっている。

　なんといってもその魅力は画質の良さにある。有機ELは自発光ディスプレイということで、黒がしっかりと再現され、明るく、コントラスト、色再現性に優れる。LCDの弱点は全てカバーしている。しかも薄い。ソニーの27型はパネル部が1cmで11型はわずかに3mmしかない。まさにFPDである。画質については自分の目で見て確認してもらいたいが、高画質のCRTモニターテレビを凌駕する画質といっても過言ではないだろう。

　ソニーは11型を2007年に発売し、2009年には東芝が20型代のサイズで参入をするという。日立も量産体制を整えている。あとは画面サイズだ。となると先行しているパイオニアやTDKの動きが気になる。各社開発に力が入ることは間違いない。

　だが、すぐに有機ELディスプレイ時代がくるわけではない。LCDやPDPのアドバンテージは絶対的で有機ELが追いつくには早くて5年、いや10年かかるかもしれない。だが、21世紀のディスプレイが有機ELになることは間違いなさそうだ。

2007年8月　　河村正行

参考文献

有機ELビデオ最前線 ………… 工業調査会
カラーPDP技術 ………… シーエムシー
光ディスプレイ(2) ………… オーム社
よく分かるプラズマテレビ ………… 電波新聞社
有機ELディスプレイ技術…… テクノタイムズ社
SSTT ………… 三洋電機
週刊エコノミスト ………… 毎日新聞
テレビジョン・画像工学ハンドブック… オーム社
NHKテレビ技術教科書 …… 日本放送出版協会
科学の事典 ………… 岩波書店
電気百科事典 ………… オーム社
各社の技術資料、ホームページ、その他

河村正行（かわむらまさゆき）

　1951年生まれ。明治大学商学部卒。在学中はジャズのクラブで音楽を楽しみながら、オーディオや録音に興味を持つ。卒業後はレコードのミキサーやプロデュースからオーディオ評論を始め、その後はビデオ、ビデオカメラ、その他と活動範囲を広げる。ユーザーの視点からの鋭く、分かりやすい解説や評価で定評がある。
　「オーディオ入門＆専科」（大泉書店）、「オーディオの世界が広がる」「ビデオの世界が広がる」（光文社）、「デジタル放送の幕開け」「デジタル放送がわかる本」「MDのすべて」「よくわかるDVD＆ホームシアター」「よくわかるプラズマテレビ」「よくわかるデジタルテレビ」「よくわかるディスクレコーダー」（電波新聞社）など著書多数。

本書の一部あるいは全部について、株式会社電波新聞社から文書による許諾を得ずに、無断で複写、複製、転載、テープ化、ファイル化することを禁じます。

新 よくわかる有機ELディスプレイ　©2007

2007年9月20日　第1刷発行

著　者　河村正行
発行者　平山哲雄
発行所　株式会社　電波新聞社
　　　　〒141-8715　東京都品川区東五反田1-11-15
　　　　電話 03(3445)8201　振替　東京 00150-3-51961

［検印省略］

編集・本文デザイン・DTP　株式会社 JC2
印刷所　奥村印刷 株式会社
製本所　株式会社 堅省堂

Printed in Japan
ISBN978-4-88554-943-4

落丁・乱丁本はお取替えいたします
定価はカバーに表示してあります